Lim Kyung Keun

Hair Style Design–Woman Long Hair 233

임경근 헤어스타일 디자인–우먼 롱 헤어 233

Written by Lim, Kyung Keun

(주)광문각출판미디어
www.kwangmoonkag.co.kr

Written by Lim, Kyung Keun

임경근은 국내 및 일본 헤어숍 8년 근무, 세계적인 두발 화장품 회사 근무, 헤어숍 운영 28년의 경험을 쌓고 있으며, 90년대 중반부터 얼굴형, 신체의 인체 치수를 연구하고 관상 심리를 연구했으며, 헤어스타일 디자인을 위해 미술을 시작하여 미용 이론과 현장 경험을 토대로 디자인적 가치관을 정립하여 독창적 헤어스타일 디자인을 창출하는 데 노력하고 있습니다.

15년 전부터 AI 시대를 대응하여 얼굴형을 분석하여 헤어스타일을 상담하고 정보를 공유하는 시스템에 대한 연구를 통해 관련 기술과 콘텐츠를 축적하고 있으며, 차별화되고 혁신적인 헤어숍 시스템 서비스를 준비하고 있습니다.

임경근은 헤어 메이크업뿐만 아니라 미술, 포토그래피, 디자인(웹, 앱디자인, 편집디자인, 인테리어 디자인 등), 디지털 일러스트레이션을 토대로 헤어스타일 디자인과 트렌드를 제시하고 퀄리티 높은 콘텐츠를 제작하고 있습니다.

저서
- Hair Mode 2000(헤어스타일 일러스트레이션 & 헤어 커트 이론)
- Hair Mode 2001(헤어스타일 일러스트레이션 & 헤어 커트 이론)
- Hair Design & Illustration
- Interactive Hair Mode(헤어스타일 일러스트레이션)
- Interactive Hair Mode(기술 매뉴얼)
- Lim Kyung Keun Creative Hair Style Design
- Lim Kyung Keun Hair Style Design-Woman Short Hair 270
- Lim Kyung Keun Hair Style Design-Woman Medium Hair 297
- Lim Kyung Keun Hair Style Design-Woman Long Hair 233
- Lim Kyung Keun Hair Style Design-Man Hair 114
- Lim Kyung Keun Hair Style Design-Technology Manual

CONTENTS Woman Long Hair Style Design

CONTENTS   Woman Long Hair Style Design

CONTENTS   Woman Long Hair Style Design

CONTENTS   Woman Long Hair Style Design

CONTENTS   Woman Long Hair Style Design

071page   072page   073page

074page   075page   076page

       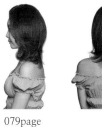 

077page   078page   079page

080page   081page   082page

CONTENTS   Woman Long Hair Style Design

CONTENTS   Woman Long Hair Style Design

CONTENTS   Woman Long Hair Style Design

CONTENTS   Woman Long Hair Style Design

CONTENTS   Woman Long Hair Style Design

CONTENTS   Woman Long Hair Style Design

CONTENTS Woman Long Hair Style Design

CONTENTS Woman Long Hair Style Design

CONTENTS Woman Long Hair Style Design

179page   180page   181page

182page   183page   184page

185page   186page   187page

188page   189page   190page

CONTENTS   Woman Long Hair Style Design

CONTENTS   Woman Long Hair Style Design

CONTENTS   Woman Long Hair Style Design

CONTENTS   Woman Long Hair Style Design

CONTENTS　Woman Long Hair Style Design

239page　　240page　　241page

242page　　243page　　244page

245page　　246page　　247page

248page　　249page　　250page

CONTENTS   Woman Long Hair Style Design

Woman Long Hair Style Design

L-2021-001-1

L-2021-001-2

L-2021-001-3

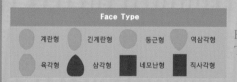

Face Type

| 계란형 | 긴계란형 | 둥근형 | 역삼각형 |
| 육각형 | 삼각형 | 네모난형 | 직사각형 |

Hair Cut Method-
Technology Manual 211 Page 참고

시원하게 이마를 드러내는 웨이브 흐름이 어깨선에서 춤을 추듯 자유로운 율동감으로 여성스러움이 쑥쑥!

- 이마에서 올려 빗어 S라인으로 흐르는 모발 흐름이 어깨선에서 춤을 추듯 자유롭게 움직이는 율동감의 헤어스타일은 턱선을 아름답게 하고 품격 있고 지성미의 격조를 느끼게 하는 아름다운 헤어스타일입니다.

- 롱 레이어드 커트로 가볍게 층지게 커트하고 모발 길이 중간, 끝부분에서 틴닝 커트를 하여 가벼운 흐름을 연출하고 슬라이딩 커트로 끝부분이 가늘어지는 질감을 표현하고, 굵은 롯드로 뿌리 부분 1.5~1.7컬 웨이브 파마를 합니다.

- 헤어 드라이기로 뿌리부터 말리면서 70%를 말린 후, 글로스 왁스를 고르게 바르고 스크런치 드라이 기법으로 풍성한 볼륨을 만들고 털어 주면서 자연스러운 컬의 움직임을 연출합니다.

Woman Long Hair Style Design

L-2021-002-1

L-2021-002-2

L-2021-002-3

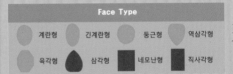

Face Type

| 계란형 | 긴계란형 | 둥근형 | 역삼각형 |
| 육각형 | 삼각형 | 네모난형 | 직사각형 |

Hair Cut Method-
Technology Manual 211 Page 참고

얼굴선에서 율동하는 실루엣과 언더에서 안말음 되어 안정감과 자연스러움을 선사하는 헤어스타일!

- 빗어 뒤로 넘긴 듯 흘러내리는 흐름의 아름다움과 언더에서 안말음 되는 흐름이 조화되어 지적이고 여성스러움을 선사하는 내추럴 롱 헤어스타일입니다.
- 언더에서 둥근 라인의 하이 그러데이션 커트를 시작하여 톱 쪽으로 레이어드를 넣어서 부드럽고 가벼운 층을 만들고, 모발 길이 중간, 끝부분을 틴닝 커트를 하여 모발량을 조절하고 슬라이딩 커트로 끝부분이 가늘어지는 질감을 표현하여 자연스러운 움직임을 연출합니다.
- 굵은 롯드로 2~3컬을 와인딩을 하여 느슨하면서 풀린 듯한 웨이브 파마를 합니다.
- 헤어 드라이기로 뿌리부터 말리면서 70%를 말린 후, 글로스 왁스를 고르게 바르고 스크런치 드라이 기법으로 풍성한 볼륨을 만들고 털어 주면서 자연스러운 컬의 움직임을 연출합니다.

Woman Long Hair Style Design

L-2021-003-1   L-2021-003-2   L-2021-003-3

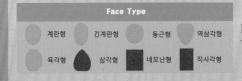

Face Type

| 계란형 | 긴계란형 | 둥근형 | 역삼각형 |
| 육각형 | 삼각형 | 네모난형 | 직사각형 |

Hair Cut Method-
Technology Manual 211 Page 참고

바람결에 쓸어 넘긴 듯 흘러내리고 흔들리는 웨이브 컬의 흐름이 아름다운 내추럴 롱 헤어스타일!

• 풀린 듯 자연스럽게 흘러내리는 느슨한 웨이브 컬의 율동감은 차분한 인상을 주고 지적이고 건강한 아름다움을 선사하는 매력적인 헤어스타일입니다.

• 언더에서 하이 그러데이션 커트를 시작하여 톱 쪽으로 레이어드를 넣어서 부드럽고 가벼운 층을 만들고, 모발 길이 중간, 끝부분을 틴닝 커트를 하여 모발량을 조절하고 슬라이딩 커트로 끝부분이 가늘어지는 질감을 표현하여 자연스러운 움직임을 연출합니다.

• 굵은 롯드로 2~3컬을 와인딩을 하여 느슨하면서 풀린 듯한 웨이브 파마를 합니다.

• 헤어 드라이기로 뿌리부터 말리면서 70%를 말린 후, 글로스 왁스를 고르게 바르고 스크런치 드라이 기법으로 풍성한 볼륨을 만들고 털어 주면서 자연스러운 컬의 움직임을 연출합니다.

Woman Long Hair Style Design

L-2021-004-1   L-2021-004-2   L-2021-004-3

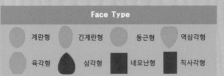

Face Type

계란형	긴계란형	둥근형	역삼각형
육각형	삼각형	네모난형	직사각형

Hair Cut Method-
Technology Manual 211Page 참고

중력에 흘러내리고 바람결에 율동하는 웨이브 흐름이 감미롭게 감성을 자극하는 내추럴 헤어스타일!

• 롱 헤어스타일의 아름다움의 조건은 윤기 나는 머릿결에 자연스럽게 움직이는 웨이브 컬이며, 아주 긴 롱헤어라면 섹시하고 여성스러우며 황홀함과 신비감을 느끼게 합니다.

• 언더에서 하이 그러데이션 커트를 시작하여 톱 쪽으로 레이어드를 넣어서 부드럽고 가벼운 층을 만들고, 모발 길이 중간, 끝부분을 틴닝 커트를 하여 모발량을 조절하고 슬라이딩 커트로 끝부분이 가늘어지는 질감을 표현하여 자연스러운 움직임을 연출합니다.

• 굵은 롯드로 2~3컬을 와인딩을 하여 느슨하면서 풀린 듯한 웨이브 파마를 합니다.

• 헤어 드라이기로 뿌리부터 말리면서 70%를 말린 후, 글로스 왁스를 고르게 바르고 스크런치 드라이 기법으로 풍성한 볼륨을 만들고 털어 주면서 자연스러운 컬의 움직임을 연출합니다.

Woman Long Hair Style Design

L-2021-005-1

L-2021-005-2

L-2021-005-3

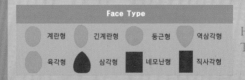

Face Type

| 계란형 | 긴계란형 | 둥근형 | 역삼각형 |
| 육각형 | 삼각형 | 네모난형 | 직사각형 |

Hair Cut Method-
Technology Manual 211 Page 참고

바람에 날리는 듯 움직이는 모발 흐름이 신비롭고 낭만적인 로맨틱 헤어스타일!

- 꿈틀거리듯 흘러내리고 바람결에 춤을 추듯 율동하는 웨이브 컬의 자연스러움은 헤어숍에서 머리하는 즐거움을 주고 감동을 주는 러블리 헤어스타일입니다.
- 언더에서 둥근 라인의 하이 그러데이션 커트를 시작하여 톱 쪽으로 레이어드를 넣어서 부드럽고 가벼운 층을 만들고, 모발 길이 중간, 끝부분을 틴닝 커트를 하여 모발량을 조절하고 슬라이딩 커트로 끝부분이 가늘어지는 질감을 표현하여 자연스러운 움직임을 연출합니다.
- 굵은 롯드로 2~3컬을 와인딩을 하여 느슨하면서 풀린 듯한 웨이브 파마를 합니다.
- 헤어 드라이기로 뿌리부터 말리면서 70%를 말린 후, 글로스 왁스를 고르게 바르고 스크런치 드라이 기법으로 풍성한 볼륨을 만들고 털어 주면서 자연스러운 컬의 움직임을 연출합니다.

Woman Long Hair Style Design

L-2021-006-1

L-2021-006-2

L-2021-006-3

Face Type

계란형	긴계란형	둥근형	역삼각형
육각형	삼각형	네모난형	직사각형

Hair Cut Method-
Technology Manual 211 Page 참고

공기를 머금은 웨이브 컬이 어깨선을 타고 통통 튀는 귀여움이 살아나는 헤어스타일!

• 목선과 어깨선을 타고 춤을 추듯 뻗치고 통통 튀는 웨이브 흐름이 귀엽고 사랑스러운 헤어스타일입니다.

• 롱 레이어드 커트로 가볍게 층지는 커트하고 모발 길이 중간, 끝부분에서 틴닝 커트를 하여 가벼운 흐름을 연출하고 슬라이딩 커트로 끝부분이 가늘어지는 질감을 표현합니다.

• 굵은 롯드로 뿌리 부분 1.5~1.7컬 웨이브 파마를 합니다.

• 헤어 드라이기로 뿌리부터 말리면서 70%를 말린 후, 글로스 왁스를 고르게 바르고 스크런치 드라이 기법으로 풍성한 볼륨을 만들고 털어 주면서 자연스러운 컬의 움직임을 연출합니다.

Woman Long Hair Style Design

L-2021-007-1

L-2021-007-2

L-2021-007-3

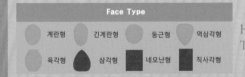

Face Type			
계란형	긴계란형	동근형	역삼각형
육각형	삼각형	네모난형	직사각형

Hair Cut Method-
Technology Manual 211 Page 참고

손질하지 않는 듯 느슨한 웨이브 컬이 자연스럽고 사랑스러운 감성을 느끼게 하는 헤어스타일!

• 손질하지 않는 듯 자유롭게 움직이는 느슨한 웨이브 컬의 움직임은 신비롭고 자연 회귀 심리를 느끼게 하는 에스닉 감성의 아름다운 헤어스타일입니다.

• 롱 레이어드 커트로 가볍게 층지게 커트하고 모발 길이 중간, 끝부분에서 틴닝 커트를 하여 가벼운 흐름을 연출하고 슬라이딩 커트로 끝부분이 가늘어지는 질감을 표현합니다.

• 굵은 롯드로 뿌리 부분 가까이 와인딩을 하여 느슨하면서 풀린 듯한 웨이브 파마를 합니다.

• 헤어 드라이기로 뿌리부터 말리면서 70%를 말린 후, 글로스 왁스를 고르게 바르고 스크런치 드라이 기법으로 풍성한 볼륨을 만들고 털어 주면서 자연스러운 컬의 움직임을 연출합니다.

Woman Long Hair Style Design

L-2021-008-1   L-2021-008-2   L-2021-008-3

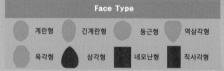

Face Type			
계란형	긴계란형	둥근형	역삼각형
육각형	삼각형	네모난형	직사각형

Hair Cut Method-
Technology Manual 211 Page 참고

바람에 출렁이는 물결 웨이브가 신비로운 아름다움을 느끼게 하는 시크 감성의 헤어스타일!

- 이마를 시원하게 드러내는 앞머리의 볼륨과 바람에 출렁이는 듯 사랑스러운 물결 웨이브 컬이 사람들의 감성을 자극하고 머리하는 즐거움과 충동을 주는 아름다운 헤어스타일입니다.

- 롱 레이어드 커트로 가볍게 층지는 커트를 하고 모발 길이 중간, 끝부분에서 틴닝 커트를 하여 가벼운 흐름을 연출하고 슬라이딩 커트로 끝부분이 가늘어지는 질감을 표현하고, 굵은 롯드로 뿌리 부분 가까이까지 와인딩을 하여 웨이브 파마를 합니다.

- 헤어 드라이기로 뿌리부터 말리면서 70%를 말린 후 글로스 왁스를 고르게 바르고, 스크런치 드라이 기법으로 풍성한 볼륨을 만들고 털어 주면서 자연스러운 컬의 움직임을 연출합니다.

Woman Long Hair Style Design

L-2021-009-1

L-2021-009-2

L-2021-009-3

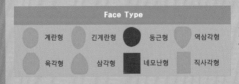

Face Type

계란형　　긴계란형　　동근형　　역삼각형

육각형　　삼각형　　네모난형　　직사각형

Hair Cut Method-
Technology Manual 172 Page 참고

페이스 라인의 웨이브 움직임과 언더에서 풍성한 웨이브 컬이 환상적인 헤어스타일!

- 얼굴을 감싸는 듯 흔들거리는 웨이브의 흐름은 얼굴을 갸름하게 하고 어깨선을 타고 출렁거리는 웨이브 컬의 율동은 사랑스럽고 섹시한 감성을 주는 러블리 헤어스타일입니다.

- 롱 레이어드 커트로 가볍게 층지는 커트를 하고 모발 길이 중간, 끝부분에서 틴닝 커트를 하여 가벼운 흐름을 연출하고 슬라이딩 커트로 끝부분이 가늘어지는 질감을 표현하고, 굵은 롯드로 1.5~2컬의 웨이브 파마를 합니다.

- 헤어 드라이기로 뿌리부터 말리면서 70%를 말린 후, 글로스 왁스를 고르게 바르고 스크런치 드라이 기법으로 풍성한 볼륨을 만들고 털어 주면서 자연스러운 컬의 움직임을 연출합니다.

Woman Long Hair Style Design

L-2021-010-1 L-2021-010-2 L-2021-010-3

Face Type			
계란형	긴계란형	둥근형	역삼각형
육각형	삼각형	네모난형	직사각형

Hair Cut Method-
Technology Manual 166 Page 참고

두둥실 율동하는 물결 웨이브가 신비로운 감성을 느끼게 하는 아름다운 헤어스타일!

• 높은 볼륨으로 이마를 드러내고 바람에 출렁이듯 율동하는 물결 웨이브는 러블리하고 지적이면서 섹시한 여성스러운 감성을 주는 아름다운 헤어스타일입니다.

• 롱 레이어드 커트로 가볍게 층지게 커트하고 모발 길이 중간, 끝부분에서 틴닝 커트를 하여 가벼운 흐름을 연출하고 슬라이딩 커트로 끝부분이 가늘어지는 질감을 표현합니다.

• 굵은 롯드로 뿌리 부분까지 와인딩을 하여 느슨하면서 풀린 듯한 웨이브 파마를 합니다.

• 헤어 드라이기로 뿌리부터 말리면서 70%를 말린 후, 글로스 왁스를 고르게 바르고 스크런치 드라이 기법으로 풍성한 볼륨을 만들고 털어 주면서 자연스러운 컬의 움직임을 연출합니다.

Woman Long Hair Style Design

L-2021-011-1   L-2021-011-2   L-2021-011-3

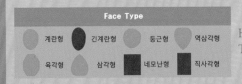

Face Type			
계란형	긴계란형	동근형	역삼각형
육각형	삼각형	네모난형	직사각형

Hair Cut Method-
Technology Manual 166 Page 참고

바람에 물결이 출렁이듯 물결 웨이브가 사랑스럽고 신비로운 헤어스타일!

• S자형 물결 웨이브는 달콤하고 신비로운 느낌의 아름다운 헤어스타일입니다.

• 롱레이어드 커트로 가볍게 층지는 커트를 하고 모발 길이 중간, 끝부분에서 틴닝 커트를 하여 가벼운 흐름을 연출하고 슬라이딩 커트로 끝부분이 가늘어지는 질감을 표현합니다.

• 굵은 롯드로 뿌리 부분 가까이 와인딩을 하여 느슨하면서 풀린 듯한 웨이브 파마를 합니다.

• 헤어 드라이기로 뿌리부터 말리면서 70%를 말린 후, 글로스 왁스를 고르게 바르고 스크런치 드라이 기법으로 풍성한 볼륨을 만들고 털어 주면서 자연스러운 컬의 움직임을 연출합니다.

Woman Long Hair Style Design

L-2021-012-1

L-2021-012-2

L-2021-012-3

Face Type			
계란형	긴계란형	둥근형	역삼각형
육각형	삼각형	네모난형	직사각형

Hair Cut Method-
Technology Manual 166 Page 참고

윤기를 머금은 핑크레드 컬러가 입혀진 모발선의 웨이브 컬이 환상적인 헤어스타일!

- 너무 진하지 않는 핑크레드 컬러는 신비롭고 화려하면서도 환상적인 감각을 느끼게 하는 아름다운 헤어스타일입니다.
- 약간씩 디자인의 변화를 주면 트렌디한 감각을 느끼게 하는 헤어스타일입니다.
- 롱 레이어드 커트로 가볍게 층지게 커트하고 모발 길이 중간, 끝부분에서 틴닝 커트를 하여 가벼운 흐름을 연출하고 슬라이딩 커트로 끝부분이 가늘어지는 질감을 표현하고, 굵은 롯드로 1.5~2컬 와인딩을 하여 웨이브 파마를 합니다.
- 헤어 드라이기로 뿌리부터 말리면서 70%를 말린 후 글로스 왁스를 고르게 바르고 스크런치 드라이 기법으로 풍성한 볼륨을 만들고 털어 주면서 자연스러운 컬의 움직임을 연출합니다.

Woman Long Hair Style Design

L-2021-013-1   L-2021-013-2   L-2021-013-3

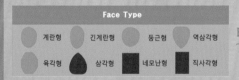

Face Type

계란형   긴계란형   둥근형   역삼각형

육각형   삼각형   네모난형   직사각형

Hair Cut Method-
Technology Manual 166 Page 참고

모발선에서 안말음 되는 웨이브 컬의 흐름이 지적인 이미지의 클래식 헤어스타일!

- 모발 길이 끝부분에서 1.5~2컬의 롱 헤어스타일은 오래도록 사랑받아온 클래식 헤어스타일이며 현재도 약간씩 디자인의 변화를 주면 트렌디한 감각을 느끼게 하는 헤어스타일입니다.

- 롱 레이어드 커트로 가볍게 층지게 커트하고 모발 길이 중간, 끝부분에서 틴닝 커트를 하여 가벼운 흐름을 연출하고 슬라이딩 커트로 끝부분이 가늘어지는 질감을 표현하고, 굵은 롯드로 1.5~2컬 와인딩을 웨이브 파마를 합니다.

- 헤어 드라이기로 뿌리부터 말리면서 70%를 말린 후, 글로스 왁스를 고르게 바르고 스크런치 드라이 기법으로 풍성한 볼륨을 만들고 털어 주면서 자연스러운 컬의 움직임을 연출합니다.

Woman Long Hair Style Design

L-2021-014-1

L-2021-014-2

L-2021-014-3

Face Type

계란형	긴계란형	둥근형	역삼각형
육각형	삼각형	네모난형	직사각형

Hair Cut Method-
Technology Manual 211 Page 참고

윤기를 머금은 듯 찰랑거리는 머릿결이 맑고 청순한 아름다운 이미지를 주는 헤어스타일!

- 반짝거리며 찰랑거리는 롱 헤어의 스레이트 스타일은 오래도록 사랑받아온 클래식 감각의 아름다운 헤어스타일입니다.
- 언더에서 둥근 라인으로 약간 무게감을 주면서 레이어드 커트를 하고 톱 쪽으로 롱 레이어드 커트를 연결하여 가볍고 찰랑거리는 흐름을 연출하여 청순하고 여성스러운 이미지를 연출합니다.
- 얼굴 사이드에서 길이를 조절하여 층지게 커트하고 전체를 틴닝 커트로 모발 길이 중간, 끝부분에서 틴닝을 넣어서 가벼운 흐름을 만들고 얼굴 주변은 슬라이딩 커트로 가늘어지고 가벼운 안말음 흐름을 연출하며, 곱슬머리는 손질이 편하도록 스트레이트 파마를 합니다.
- 헤어 드라이기로 뿌리부터 말리면서 80%를 말린 후, 롤 브러시나 아이롱으로 연출한 후 글로스 왁스를 고르게 바르고 빗질하여 스타일링을 합니다.

Woman Long Hair Style Design

L-2021-015-1

L-2021-015-2

L-2021-015-3

Face Type			
계란형	긴계란형	둥근형	역삼각형
육각형	삼각형	네모난형	직사각형

Hair Cut Method-
Technology Manual 196 Page 참고

둥둥 떠다니는 듯 율동하는 컬이 매혹적이고 사랑스러운 판타스틱 헤어스타일!

• 아주 긴 길이의 롱 헤어스타일의 웨이브 컬은 낭만적이고 사랑스러운 심쿵 헤어스타일입니다.

• 특히 윤기감을 머금은 듯 건강한 머릿결의 컬 스타일은 시선을 모으고 동경의 대상이 됩니다.

• 언더에서 하이 그레데이션을 커트하고 톱 쪽으로 레이어드를 넣어서 차분하고 부드러운 실루엣을 연출하고, 모발 길이 중간, 끝에서 틴닝으로 가벼운 흐름을 만들고, 프런트 사이드에서 층을 주고 슬라이딩 커트로 가늘어지고 가볍게 율동하는 질감 커트를 하며, 굵은 롤로 1.5~2컬의 웨이브 파마를 해 줍니다.

• 헤어 드라이기로 뿌리부터 말리면서 70%를 말린 후, 글로스 왁스를 고르게 바르고 스크런치 드라이 기법으로 풍성한 볼륨을 만들고 털어서 자연스러운 컬의 움직임을 연출합니다.

Woman Long Hair Style Design

L-2021-016-1

L-2021-016-2

L-2021-016-3

Face Type			
계란형	긴계란형	둥근형	역삼각형
육각형	삼각형	네모난형	직사각형

Hair Cut Method-
Technology Manual 211 Page 참고

바람결에 휘날리듯 춤을 추는 웨이브 컬이 매혹적이고 사랑스러운 시크 감성의 헤어스타일!

- 춤을 추듯 율동하는 웨이브 컬의 롱 헤어스타일은 여성들이 소망하고 동경하는 신비로운 헤어스타일입니다.
- 아름다운 헤어스타일의 핵심은 건강한 머릿결이고, 지속적인 헤어 케어를 하여야 가능합니다.
- 언더에서 미디엄 그러데이션을 커트하고 톱 쪽으로 레이어드를 넣어서 부드러운 실루엣을 연출합니다.
- 모발 길이 중간, 끝에서 틴닝으로 가늘어지고 가벼운 흐름을 만들고 굵은 롤로 2~3컬의 웨이브 파마를 해 줍니다.
- 헤어 드라이기로 뿌리부터 말리면서 70%를 말린 후, 글로스 왁스를 고르게 바르고 스크런치 드라이 기법으로 풍성한 볼륨을 만들고 털어서 자연스러운 컬의 움직임을 연출합니다.

Woman Long Hair Style Design

L-2021-017-1   L-2021-017-2   L-2021-017-3

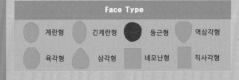

Face Type			
계란형	긴계란형	둥근형	역삼각형
육각형	삼각형	네모난형	직사각형

Hair Cut Method-
Technology Manual 196 Page 참고

차분하고 단정하면서도 발랄하고 깜찍한 감성을 주는 큐트 감각의 헤어스타일!

• 직선 라인의 단순함을 피하고 부드럽고 화려한 곡선의 실루엣으로 움직임을 주는 생머리 헤어스타일입니다.

• 턱선을 감싸는 안말음 흐름과 어깨선을 타고 뻗치는 흐름이 황금 밸런스를 이루어 얼굴이 작아 보이고 청순하고 소녀스러운 감성을 주는 헤어스타일입니다.

• 언더에서 가늘어지고 가벼운 레이어드 커트를 하고 톱 쪽으로 그러데이션과 레이어드를 넣어서 풍성한 곡선의 부드러운 형태를 만듭니다.

• 모발 길이 중간, 끝에서 틴닝으로 가늘어지고 가벼운 흐름을 만들고 원컬 스트레트, 원컬 파마를 해 줍니다.

• 헤어 드라이기로 뿌리부터 말리면서 70%를 말린 후, 글로스 왁스를 고르게 바르고 스크런치 드라이 기법으로 풍성한 볼륨을 만들고 손가락 빗질하여 자연스러운 움직임을 연출합니다.

Woman Long Hair Style Design

L-2021-018-1

L-2021-018-2

L-2021-018-3

Face Type			
계란형	긴계란형	둥근형	역삼각형
육각형	삼각형	네모난형	직사각형

Hair Cut Method-
Technology Manual 172 Page 참고

반짝거리는 윤기감, 춤을 추듯 율동하는 컬의 흐름이 페미닌스러운 향기가 두 배로!

• 윤기를 머금은 듯 반짝거리는 머릿결과 자연스럽게 율동하는 웨이브 컬의 롱 헤어스타일은 모든 여성이 동경하고 사랑하는 아름다운 헤어스타일입니다.

• 언더에서 하이 그러데이션을 커트하고 톱 쪽으로 레이어드를 넣어서 곡선의 부드러운 실루엣을 만듭니다.

• 모발 길이 중간, 끝에서 틴닝으로 가늘어지고 가벼운 흐름을 만들고 굵은 롤로 1.3~1.7컬의 웨이브 파마를 해 줍니다.

• 헤어 드라이기로 뿌리부터 말리면서 70%를 말린 후, 글로스 왁스를 고르게 바르고 스크런치 드라이 기법으로 풍성한 볼륨을 만들고 손가락 빗질하여 자연스러운 컬의 움직임을 연출합니다.

Woman Long Hair Style Design

L-2021-019-1   L-2021-019-2   L-2021-019-3

Face Type			
계란형	긴계란형	둥근형	역삼각형
육각형	삼각형	네모난형	직사각형

Hair CutMethod-
Technology Manual 166 Page 참고

바람에 휘날리듯 출렁거리는 웨이브 컬이 매혹적이고 환상적인 러블리 헤어스타일!

• 아주 긴 길이의 자연스럽고 풍성한 볼륨의 웨이브 컬의 롱 헤어스타일은 사랑받고 싶은 여성들의 로망이며, 오래도록… 언제나 사랑받는 아름다운 헤어스타일입니다.

• 언더에서 미디엄 그러데이션을 커트하고 톱 쪽으로 레이어드를 넣어서 곡선의 부드러운 형태를 만듭니다.

• 모발 길이 중간, 끝에서 틴닝으로 가늘어지고 가벼운 흐름을 만들고 굵은 롤로 뿌리를 제외한 웨이브 파마를 해 줍니다.

• 헤어 드라이기로 뿌리부터 말리면서 70%를 말린 후, 글로스 왁스를 고르게 바르고 스크런치 드라이 기법으로 풍성한 볼륨을 만들고 털어서 자연스러운 컬의 움직임을 연출합니다.

Woman Long Hair Style Design

L-2021-020-1   L-2021-020-2   L-2021-020-3

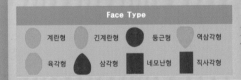

Face Type				
계란형	긴계란형	동근형	역삼각형	
육각형	삼각형	네모난형	직사각형	

Hair Cut Method-
Technology Manual 211 Page 참고

바닷바람에 휘날리듯 감미롭게 움직이는 컬이 사랑스러움을 주는 페미닌 감각의 헤어스타일!

- 바닷가에서 영화를 촬영하는 여배우의 헤어스타일처럼 내추럴하고, 살아있는 듯 꿈틀거리는 컬의 율동이 로맨틱하고 러블리한 헤어스타일입니다.
- 언더에서 미디엄 그러데이션을 커트하고 톱 쪽으로 레이어드를 넣어서 곡선의 부드러운 형태를 만듭니다.
- 모발 길이 중간, 끝에서 틴닝으로 가벼운 흐름을 만들고 슬라이딩 커트로 대담하게 가늘어지고 가벼운 질감을 만듭니다.
- 굵은 롤로 전체 웨이브 파마를 해 줍니다.
- 헤어 드라이기로 뿌리부터 말리면서 70%를 말린 후, 글로스 왁스를 고르게 바르고 스크런치 드라이 기법으로 풍성한 볼륨을 만들고 털어서 자연스러운 컬의 움직임을 연출합니다.

Woman Long Hair Style Design

L-2021-021-1

L-2021-021-2

L-2021-021-3

Face Type			
계란형	긴계란형	동근형	역삼각형
육각형	삼각형	네모난형	직사각형

Hair Cut Method-
Technology Manual 211 Page 참고

반짝거리는 윤기와 찰랑거리는 질감을 즐기고 싶다면 스트레이트 헤어스타일로 변신!

- 윤기 있고 찰랑거리는 건강한 머릿결의 생머리 헤어스타일은 맑고 깨끗하고 청순한 쿠튀르 감성의 헤어스타일입니다.
- 오랫동안 사랑받아온 헤어스타일로 건강한 머릿결이 아름다움의 포인트입니다.
- 언더에서 미디엄 그러데이션을 커트하고 톱 쪽으로 레이어드를 넣어서 차분하고 들뜨지 않은 부드러운 형태를 만듭니다.
- 모발 길이 중간, 끝에서 틴닝으로 가늘어지고 가벼운 흐름을 만들고 스트레이트 파마를 해 줍니다.
- 헤어 드라이기로 뿌리부터 말리면서 80%를 말린 후, 글로스 왁스를 고르게 바르고 빗질하여 자연스러운 움직임을 연출합니다.

Woman Long Hair Style Design

L-2021-022-1

L-2021-022-2

L-2021-022-3

Face Type			
계란형	긴계란형	둥근형	역삼각형
육각형	삼각형	네모난형	직사각형

Hair Cut Method–
Technology Manual 196 Page 참고

부드러운 안말음 흐름이 차분하고 단정한 느낌과 청순함을 더해 주는 헤어스타일!

• 턱선과 목선에서 자연스럽게 안말음 되는 흐름은 얼굴을 작아 보이게 하고 목선을 예쁘고 여성스러운 매력을 강조해 주는 아름다운 헤어스타일입니다.

• 언더에서 하이 그러데이션의 가벼운 흐름을 만들고 톱 쪽으로 미디엄 그러데이션과 레이어드를 연결하여 부드러운 곡선의 실루엣을 연출합니다.

• 앞머리를 내려주고 사이드를 층지게 커트하고 슬라이딩 커트로 가늘어지고 가벼운 포워드 흐름을 연출합니다.

• 원컬 스트레이트 파마를 해 줍니다.

• 헤어 드라이기로 뿌리부터 말리면서 80%를 말린 후, 롤 브러시나 아이롱으로 연출한 후, 글로스 왁스를 고르게 바르고 빗질하여 스타일링을 합니다.

Woman Long Hair Style Design

L-2021-023-1

L-2021-023-2

L-2021-023-3

B(Blue) frog Lim Hair Style Design

Face Type			
계란형	긴계란형	둥근형	역삼각형
육각형	삼각형	네모난형	직사각형

Hair Cut Method-
Technology Manual 166 Page 참고

턱선을 감싸는 듯 두둥실 춤을 추듯 출렁거리는 컬의 율동감이 낭만적인 러블리 헤어스타일!

• 앞머리의 시스루 뱅과 턱선을 감싸는 듯 안말음 되는 컬의 흐름이 부드러운 곡선의 실루엣을 연출하여 여성스럽고 낭만적인 페미닌 헤어스타일입니다.

• 언더에서 미디엄 그러데이션 커트를 하여 약간의 무게감을 주고 톱 쪽으로 레이어드를 넣고 모발 길이 중간, 끝부분에서 틴닝 커트를 하여 부드러운 실루엣을 연출합니다.

• 굵은 롤로 1.5~2컬의 웨이브 파마를 합니다.

• 헤어 드라이기로 뿌리부터 말리면서 70%를 말린 후, 글로스 왁스를 고르게 바르고 스크런치 드라이하고 손가락 빗질하여 방향을 잡아 주어 자연스러운 컬의 움직임을 연출합니다.

Woman Long Hair Style Design

L-2021-024-1

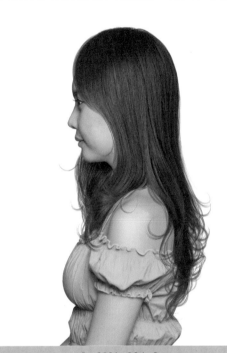

L-2021-024-2

L-2021-024-3

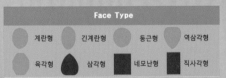

Face Type

계란형	긴계란형	둥근형	역삼각형
육각형	삼각형	네모난형	직사각형

Hair Cut Method-
Technology Manual 166 Page 참고

꿈을 꾸듯… 바람에 휘날리듯 춤을 추는 웨이브 컬의 율동감이 환상적인 매력을 주는 헤어스타일!

• 부드럽게 율동감을 주는 풀린 듯한 루스한 웨이브 컬의 흐름은 사랑스럽고 스위트함을 주는 러블리 헤어스타일입니다.

• 레이어드로 가볍고 부드러운 실루엣을 연출하고 사이드에서 포워드 흐름의 층을 만들고 전체를 슬라이딩 커트 기법으로 대담하게 가늘어지고 가벼운 움직임을 연출합니다.

• 굵은 롤로 1.5컬의 웨이브 파마를 해 줍니다.

• 헤어 드라이기로 뿌리부터 말리면서 70%를 말린 후, 글로스 왁스를 고르게 바르고 드라이하고 손가락 빗질하여 자연스러운 컬의 움직임을 연출합니다.

Woman Long Hair Style Design

L-2021-025-1

L-2021-025-2

L-2021-025-3

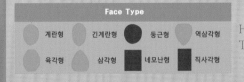

Face Type			
계란형	긴계란형	동근형	역삼각형
육각형	삼각형	네모난형	직사각형

Hair Cut Method-
Technology Manual 166 Page 참고

탄력 있는 웨이브 컬이 물결치듯 움직이는 흐름이 매혹적인 러블리 헤어스타일!

• 탄력 있는 웨이브 컬이 율동감을 주는 롱 헤어스타일은 오래도록 사랑받아 왔고 현재도 독특한 개성미를 주는 아름다운 헤어스타일입니다.

• 언더에서 미디엄 그러데이션을 커트하고 톱 쪽으로 레이어드를 넣어서 부드러운 실루엣을 연출합니다.

• 틴닝으로 모발 길이 중간, 끝부분에서 가볍고 부드러운 질감을 표현합니다.

• 중간 롤로 전체를 탄력 있는 웨이브 파마를 해 줍니다.

• 헤어 드라이기로 뿌리부터 말리면서 70%를 말린 후, 글로스 왁스를 고르게 바르고 스크런치 드라이 기법으로 부풀듯이 드라이하고 털어서 자연스러운 컬의 움직임을 연출합니다.

Woman Long Hair Style Design

L-2021-026-1

L-2021-026-2

L-2021-026-3

Face Type			
계란형	긴계란형	동근형	역삼각형
육각형	삼각형	네모난형	직사각형

Hair Cut Method-
Technology Manual 166 Page 참고

바닷바람에 출렁이듯 물결 웨이브가 발랄하고 달콤한 느낌을 주는 로맨틱 헤어스타일!

• 부드럽고 자연스럽게 출렁이는 물결 웨이브는 여성들에게 스위트 감성과 사랑스러움을 주는 러블리 헤어스타일입니다.

• 언더에서 하이 그러데이션으로 커트를 하고 톱 쪽으로 레이어드를 넣어서 부드럽고 가벼운 실루엣을 연출합니다.

• 모발 길이 중간, 끝부분에서 틴닝으로 가벼운 흐름을 연출하고 굵은 롤로 2~3컬의 파마를 해 줍니다.

• 헤어 드라이기로 뿌리부터 말리면서 70%를 말린 후, 글로스 왁스를 고르게 바르고 스크런치 드라이 기법으로 드라이하고 손가락으로 훑어 주듯 손가락 빗질하고 방향을 잡아 주어 자연스러운 컬의 움직임을 연출합니다.

Woman Long Hair Style Design

L-2021-027-1

L-2021-027-2

L-2021-027-3

Face Type			
계란형	긴계란형	둥근형	역삼각형
육각형	삼각형	네모난형	직사각형

Hair Cut Method-
Technology Manual 211 Page 참고

바람에 흩날리듯 보송보송 율동감이 느껴지는 컬의 흐름이 발랄하고 귀여운 롱 헤어스타일!

• 굵고 탄력 있는 컬이 춤을 추듯 율동감을 주는 헤어스타일은 아름답고 여성스러우며 큐트한 감성을 줍니다.

• 언더에서 미디엄 그러데이션으로 커트하고 톱 쪽으로 레이어드를 넣어서 부드럽고 가벼운 실루엣을 연출합니다.

• 모발 길이 중간, 끝부분에서 틴닝으로 가벼운 흐름을 만들고 굵은 롤로 2~2.5컬의 웨이브 파마를 합니다.

• 헤어 드라이기로 뿌리부터 말리면서 70%를 말린 후, 글로스 왁스를 고르게 바르고 스크런치 드라이 기법으로 드라이하고 털어서 자연스러운 컬의 움직임을 연출합니다.

Woman Long Hair Style Design

L-2021-028-1

L-2021-028-2

L-2021-028-3

Face Type

계란형	긴계란형	둥근형	역삼각형
육각형	삼각형	네모난형	직사각형

Hair Cut Method–
Technology Manual 196 Page 참고

가공하지 않은 듯 컬의 율동감이 사랑스럽고 여성스러움을 주는 로맨틱 헤어스타일!

• 풍성한 볼륨을 만들면서 가늘어지고 가벼운 모류에 거의 풀린 듯한 웨이브 컬의 흐름이 스위트함을 주는 러블리 헤어스타일입니다.

• 언더에서 인크리스 레이어드를 커트하고 톱 쪽으로 그러데이션 레이어드의 콤비네이션으로 커트하여 부드러운 곡선의 형태를 연출합니다.

• 모발 길이 중간, 끝부분에서 틴닝으로 가볍게 하고 슬라이딩 커트로 가늘어지고 가벼운 질감 커트를 합니다.

• 굵은 롤로 1.3~1.6컬의 웨이브 파마를 합니다.

• 헤어 드라이기로 뿌리부터 말리면서 70%를 말린 후, 글로스 왁스를 고르게 바르고 스크런치 드라이 기법으로 드라이하고 손가락으로 방향을 잡아 주어 자연스러운 컬의 움직임을 연출합니다.

Woman Long Hair Style Design

L-2021-029-1

L-2021-029-2

L-2021-029-3

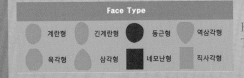

Face Type				
계란형	긴계란형	둥근형	역삼각형	
육각형	삼각형	네모난형	직사각형	

Hair Cut Method-
Technology Manual 166 Page 참고

안말음 뻗치는 흐름이 믹싱되어 자유롭게 움직이는 웨이브 컬이 사랑스러운 로맨틱 헤어스타일!

- 끝부분이 가늘어지고 가벼운 흐름의 롱 레이어드 디자인으로 사랑스럽고 여성스러운 페미닌 감성의 헤어스타일입니다.
- 레이어드로 둥근 라인의 층을 만들고 모발 길이 중간, 끝부분에서 틴닝으로 모발량을 조절해 주고 슬라이딩 커트 기법으로 페이스 라인과 언더라인을 가볍고 가늘어지게 하는 커트로 하여 율동감의 실루엣을 연출합니다.
- 굵은 롤로 1.3~1.6컬의 풀린 듯한 웨이브 파마를 해 줍니다.
- 헤어 드라이기로 뿌리부터 말리면서 70%를 말린 후, 글로스 왁스를 고르게 바르고 스크런치 드라이 기법으로 드라이하고 손가락으로 방향을 잡아 주어 자연스러운 컬의 움직임을 연출합니다.

Woman Long Hair Style Design

L-2021-030-1

L-2021-030-2

L-2021-030-3

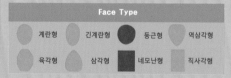

Face Type			
계란형	긴계란형	둥근형	역삼각형
육각형	삼각형	네모난형	직사각형

Hair Cut Method-
Technology Manual 166 Page 참고

풀린 듯 루스한 웨이브 컬의 율동감이 매력적이고 사랑스러운 페미닌 감성의 헤어스타일!

- 롱 레이어드 헤어스타일의 아름다움은 건강한 머릿결을 유지하는 것이 포인트이며 건강한 모발 상태에서 웨이브 흐름이 좋고 손질하기 편한 멋스러운 헤어스타일을 뽐낼 수 있으며, 언더에서 둥근 라인을 만들며 레이어드 커트를 하여 부드러운 흐름의 실루엣을 연출합니다.
- 페이스 라인에서 앞머리의 길이를 길게 층을 연결하고 슬라이딩 커트로 율동감 있는 표정을 연출하고, 모발 길이 중간, 끝부분에서 틴닝으로 가벼운 질감을 연출합니다.
- 굵은 롤로 1.3~1.6컬의 풀린 듯한 웨이브 파마를 해 줍니다.
- 헤어 드라이기로 뿌리부터 말리면서 70%를 말린 후, 글로스 왁스를 고르게 바르고 스크런치 드라이 기법으로 드라이하고 손가락으로 방향을 잡아 주어 자연스러운 컬의 움직임을 연출합니다.

Woman Long Hair Style Design

L-2021-031-1

L-2021-031-2

L-2021-031-3

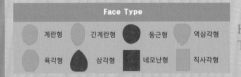

Hair Cut Method-
Technology Manual 166 Page 참고

파도처럼 출렁이는 물결 웨이브의 율동감이 내추럴하고 사랑스러운 러블리 헤어스타일!

- 깃털처럼 가볍고 가늘어지는 층과 거의 풀린 듯한 루스한 웨이브 컬이 여성스러운 느낌을 주는 헤어스타일입니다.
- 레이어드로 가벼운 층을 만들고 페이스 라인과 언더에서 둥근 라인의 형태를 디자인하고. 틴닝과 슬라이딩 커트 기법으로 움직임 있는 율동감의 실루엣을
  연출합니다.
- 굵은 롤로 1.3~1.6컬의 풀린 듯한 웨이브 파마를 해 줍니다.
- 헤어 드라이기로 뿌리부터 말리면서 70%를 말린 후, 글로스 왁스를 고르게 바르고 스크런치 드라이 기법으로 드라이하고 손가락으로 방향을 잡아 주어 자연스러운
  컬의 움직임을 연출합니다.

Woman Long Hair Style Design

L-2021-032-1

L-2021-032-2

L-2021-032-3

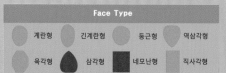

Face Type			
계란형	긴계란형	둥근형	역삼각형
육각형	삼각형	네모난형	직사각형

Hair Cut Method–
Technology Manual 166 Page 참고

두둥실 춤을 추듯 살랑거리는 웨이브 컬의 율동감이 여성스럽고 사랑스러운 헤어스타일!

- 내추럴한 웨이브 컬이 춤을 추듯 자유롭게 움직이는 건강한 머릿결의 롱 레이어드 헤어스타일은 여성들이 소망하고 꿈을 꾸는 헤어스타일입니다.
- 롱 헤어스타일의 자연스러운 웨이브 컬의 율동감은 모발이 건강하고 탄력의 힘을 가지고 있어야 이상적인 웨이브 컬의 디자인이 가능하고 아름답습니다.
- 베이스를 가벼운 흐름으로 층지게 커트하고 페이스 라인과 언더 부분에 틴닝과 슬라이딩 커트 기법으로 율동감의 실루엣을 연출합니다.
- 굵은 롤로 1.5~2컬의 풀린 듯한 웨이브 파마를 해 줍니다.
- 헤어 드라이기로 뿌리부터 말리면서 70%를 말린 후, 글로스 왁스를 고르게 바르고 스크런치 드라이 기법으로 드라이하고 손가락으로 방향을 잡아 주어 자연스러운 컬의 움직임을 연출합니다.

Woman Long Hair Style Design

L-2021-033-1   L-2021-033-2   L-2021-033-3

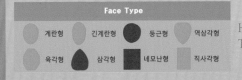

Face Type

계란형	긴계란형	둥근형	역삼각형
육각형	삼각형	네모난형	직사각형

Hair Cut Method-
Technology Manual 166 Page 참고

바람에 휘날리듯, 영화의 주인공처럼 춤을 추는 웨이브의 율동감이 아름다운 러블리 헤어스타일!

• 손질하지 않은 듯 거의 풀린 듯 자연스러운 웨이브 컬의 율동이 아름답고 여성스러움에 섹시감을 더해 주는 페미닌 감각의 헤어스타일입니다.

• 페이스 라인과 언더라인이 가늘어지고 들쭉날쭉한 텍스처를 만들며 부드럽고 가벼운 흐름으로 층지게 키트를 합니다.

• 머리숱이 많을 경우 모발 길이 뿌리 중간, 끝부분에서 틴닝으로 모발량을 조절하고 슬라이딩 기법으로 부드러운 실루엣의 스타일의 표정을 연출합니다.

• 굵은 롤로 1.5~1.8컬의 풀린 듯한 웨이브 파마를 해 줍니다.

• 헤어 드라이기로 뿌리부터 말리면서 70%를 말린 후, 글로스 왁스를 고르게 바르고 스크런치 드라이 기법으로 드라이하고 손가락으로 방향을 잡아 주어 자연스러운 컬의 움직임을 연출합니다.

Woman Long Hair Style Design

L-2021-034-1

L-2021-034-2

L-2021-034-3

Face Type

계란형	긴계란형	둥근형	역삼각형
육각형	삼각형	네모난형	직사각형

Hair Cut Method-
Technology Manual 166 Page 참고

자연스럽고 부드러운 웨이브의 출렁거리는 율동감이 가슴을 두근두근 설레게 합니다!

- 롱 헤어스타일에 건강하고 자연스럽고 풀린 듯 움직이는 웨이브 느낌은 사랑스러운 여성미와 섹시미가 더해져 사람들의 가슴을 설레게 하는 헤어스타일입니다.
- 언더에서 하이 그러데이션으로 커트하고 톱 쪽으로 레이어드를 연결하여 부드럽고 가벼운 실루엣을 연출합니다.
- 틴닝으로 적당량의 모발량을 조절하고 슬라이딩 커트 기법으로 끝부분이 가늘어지고 가벼운 질감 스타일의 표정을 연출합니다.
- 굵은 롤로 2~3컬의 풀린 듯한 웨이브 파마를 해 줍니다.
- 헤어 드라이기로 뿌리부터 말리면서 70%를 말린 후, 글로스 왁스를 고르게 바르고 스크런치 드라이 기법으로 드라이하고 손가락으로 방향을 잡아 주어 자연스러운 컬의 움직임을 연출합니다.

Woman Long Hair Style Design

L-2021-035-1

L-2021-035-2

L-2021-035-3

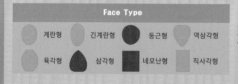

Face Type

계란형	긴계란형	둥근형	역삼각형
육각형	삼각형	네모난형	직사각형

Hair Cut Method-
Technology Manual 166 Page 참고

춤을 추듯 안말음 흐름의 롱 헤어스타일은 언제나 사랑스러움을 주는 헤어스타일!

- 가늘어지고 가벼운 모류가 율동감으로 안말음 되는 흐름은 청순하고 순수하고 여성스러운 아름다움을 주는 헤어스타일입니다.
- 페이스 라인이 급격하게 뒤 방향으로 길어지는 둥근 라인의 롱 헤어스타일 형태로 층지게 커트를 합니다.
- 모발 길이 중간, 끝부분에서 틴닝으로 가벼운 질감을 만들고 슬라이딩 커트로 프런트, 사이드를 가늘어지고 가벼운 실루엣을 연출합니다.
- 굵은 롤로 1.2~1.8컬의 풀린 듯한 웨이브 파마를 해 줍니다.
- 헤어 드라이기로 뿌리부터 말리면서 70%를 말린 후, 글로스 왁스를 고르게 바르고 스크런치 드라이 기법으로 드라이하고 손가락으로 방향을 잡아 주어 자연스러운 컬의 움직임을 연출합니다.

Woman Long Hair Style Design

L-2021-036-1

L-2021-036-2

L-2021-036-3

Face Type			
계란형	긴계란형	둥근형	역삼각형
육각형	삼각형	네모난형	직사각형

Hair Cut Method-
Technology Manual 166 Page 참고

윤기를 머금은 듯 찰랑거리고 바람에 흩날리는 듯 자연스러운 모류가 매력적인 러블리 헤어스타일!

- 끝부분이 가늘어지고 가벼운, 들쑥날쑥한 흐름으로 층지게 커트를 합니다.
- 숱이 많을 경우 모발 길이 중간, 끝부분에서 틴닝으로 모양을 조절하고 슬라이딩 커트로 스타일의 실루엣을 연출합니다.
- 곱슬머리는 스트레이트 파마를 해 주어 들뜨지 않고 찰랑찰랑한 질감을 표현합니다.
- 헤어 드라이기로 뿌리부터 말리면서 80%를 말린 후, 롤 브러시나 아이롱으로 연출한 후, 글로스 왁스를 고르게 바르고 자유롭게 털어서 스타일링을 합니다.

Woman Long Hair Style Design

L-2021-037-1

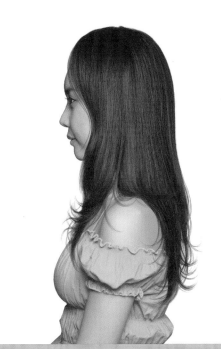

L-2021-037-2

L-2021-037-3

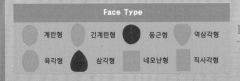

Face Type

| 계란형 | 긴계란형 | 둥근형 | 역삼각형 |
| 육각형 | 삼각형 | 네모난형 | 직사각형 |

Hair Cut Method-
Technology Manual 166 Page 참고

두둥실 춤을 추듯 율동감의 웨이브 컬은 여성스럽고 청순한 아름다움의 페미닌 헤어스타일!

- 건강하면서 웨이브 컬이 춤을 추듯 출렁거리는 롱 헤어스타일은 언제나 사람들의 마음을 설레게 하는 마력의 헤어스타일입니다.
- 언더에서 하이 그러데이션 커트를 하고 톱 쪽으로 레이어드를 넣어서 부드럽고 가벼운 실루엣을 연출합니다. 틴닝으로 모발량을 조절하여 가벼운 흐름을 만들고 프런트 사이드는 길이를 조절하여 층을 만들고 슬라이딩 커트로 자연스러운 얼굴 표정을 연출합니다.
- 굵은 롤로 1.2~1.8컬의 풀린 듯한 웨이브 파마를 해 줍니다.
- 헤어 드라이기로 뿌리부터 말리면서 70%를 말린 후, 글로스 왁스를 고르게 바르고 스크런치 드라이 기법으로 드라이하고 손가락으로 방향을 잡아 주어 자연스러운 컬의 움직임을 연출합니다.

Woman Long Hair Style Design

| L-2021-038-1 | L-2021-038-2 | L-2021-038-3 |

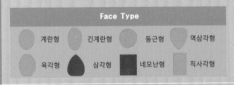

Hair Cut Method-
Technology Manual 166 Page 참고

두둥실 풍성하고 출렁거리는 웨이브 율동감이 여성스러움을 돋보이게 하는 러블리 헤어스타일!

- 풍성하고 춤을 추듯, 바람에 휘날리는 율동감이 느껴지는 웨이브 컬의 롱 헤어스타일은 사람들에게 설레임을 주는 헤어스타일입니다.
- 롱 헤어스타일은 반 묶음, 한쪽 묶음 등 다양한 디자인의 변화를 줄 수 있어서 기본적으로 여성들이 선호하고 사랑하는 헤어스타일입니다.
- 레이어드로 층지게 커트하고 틴닝으로 모발량을 조절하고 슬라이딩 커트로 가늘어지고 가벼운 실루엣을 연출합니다.
- 굵은 롤로 2~3컬의 풀린 듯한 웨이브 파마를 해 줍니다.
- 헤어 드라이기로 뿌리부터 말리면서 70%를 말린 후, 글로스 왁스를 고르게 바르고 스크런치 드라이 기법으로 드라이하고 손가락으로 방향을 잡아 주어 자연스러운 컬의 움직임을 연출합니다.

Woman Long Hair Style Design

L-2021-039-1   L-2021-039-2   L-2021-039-3

Face Type

| 계란형 | 긴계란형 | 둥근형 | 역삼각형 |
| 육각형 | 삼각형 | 네모난형 | 직사각형 |

Hair Cut Method-
Technology Manual 131Page 참고

굽실굽실 춤을 추듯 율동감을 느끼게 하는 웨이브 컬이 인형처럼 아름다운 페미닌 헤어스타일!

- 언더에서 미디엄 그러데이션으로 커트를 하고 톱 쪽으로 레이어드를 연결하여 가볍게 층지는 실루엣을 연출합니다.
- 끝부분이 가늘어지고 가볍도록 중간, 끝부분에서 틴닝 커트를 하고 슬라이팅 커트 기법으로 율동감 있는 스타일의 표정을 연출합니다.
- 굵은 롤로 2~3컬의 풀린 듯한 웨이브 파마를 해 줍니다.
- 헤어 드라이기로 뿌리부터 말리면서 70%를 말린 후, 글로스 왁스를 고르게 바르고 스크런치 드라이 기법으로 드라이하고 손가락으로 방향을 잡아 주어 자연스러운 컬의 움직임을 연출합니다.

Woman Long Hair Style Design

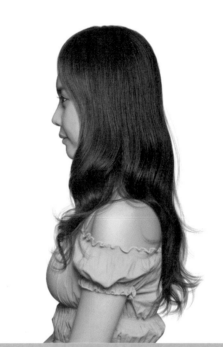

L-2021-040-1

L-2021-040-2

L-2021-040-3

Face Type			
계란형	긴계란형	둥근형	역삼각형
육각형	삼각형	네모난형	직사각형

Hair Cut Method-
Technology Manual 166 Page 참고

출렁거리는 물결 웨이브의 흐름이 달콤하고 사랑스러움을 느끼게 하는 심쿵 헤어스타일!

• 부드럽고 자연스러운 롱 헤어의 물결 웨이브는 여성스러움과 스위트 감성을 주는 아름다운 헤어스타일입니다.

• 전체를 레이어드 기법으로 부드럽고 움직임 있는 형태를 만들고 틴닝과 슬라이딩 기법으로 가늘어지고 가벼운 실루엣을 연출합니다.

• 굵은 롤로 2~3컬의 풀린 듯한 웨이브 파마를 해 줍니다.

• 헤어 드라이기로 뿌리부터 말리면서 70%를 말린 후, 글로스 왁스를 고르게 바르고 스크런치 드라이 기법으로 드라이하고 손가락으로 방향을 잡아 주어 자연스러운 컬의 움직임을 연출합니다.

Woman Long Hair Style Design

L-2021-041-1   L-2021-041-2   L-2021-041-3

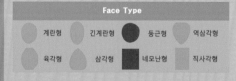

Face Type			
계란형	긴계란형	둥근형	역삼각형
육각형	삼각형	네모난형	직사각형

Hair Cut Method-
Technology Manual 166 Page 참고

수분을 머금은 듯 윤기 나는 웨이브 컬이 달콤하고 사랑스러운 감성을 주는 헤어스타일!

• 롱 헤어스타일은 여성들을 더 여성스럽게 보이게 하는 감미로운 굵은 웨이브의 율동감은 사랑스럽고 달콤한 매력을 주는 헤어스타일입니다.

• 언더에서 하이 그러데이션으로 커트를 하고 톱 쪽으로 레이어드를 넣어서 부드럽고 움직임 있는 실루엣을 연출합니다.

• 틴닝과 슬라이딩 커트 기법으로 들뜨지 않고 부드러운 질감을 만듭니다.

• 굵은 롤로 2~3컬의 풀린 듯한 웨이브 파마를 해 줍니다.

• 헤어 드라이기로 뿌리부터 말리면서 70%를 말린 후, 글로스 왁스를 고르게 바르고 스크런치 드라이 기법으로 드라이하고 손가락으로 방향을 잡아 주어 자연스러운 컬의 움직임을 연출합니다.

Woman Long Hair Style Design

L-2021-042-1   L-2021-042-2   L-2021-042-3

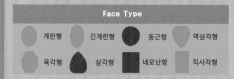

Face Type

계란형   긴계란형   동근형   역삼각형

육각형   삼각형   네모난형   직사각형

Hair Cut Method-
Technology Manual 166 Page 참고

바람에 휘날리는 듯 자연스럽고 자유로운 흐름이 멋스러운 에콜로지 감성의 헤어스타일!

• 층이 나는 롱 헤어스타일은 들뜨지 않고 차분하면서 가늘어지고 가벼운 머릿결을 만드는 커트 방법이 중요한 포인트입니다.

• 언더에서 하이 그러데이션 커트를 하고 톱 쪽으로 레이어드를 정교하고 세밀하게 바이어스 브란트 커트 기법으로 연결하여 부드러운 실루엣을 연출합니다.

• 모발 길이 중간, 끝부분에서 틴닝으로 숱을 쳐서 가볍고 부드러운 질감을 만듭니다.

• 굵은 롤로 원컬의 웨이브 파마를 해 줍니다.

• 헤어 드라이기로 뿌리부터 말리면서 70%를 말린 후, 글로스 왁스를 고르게 바르고 스크런치 드라이 기법으로 드라이하고 손가락으로 방향을 잡아 주어 자연스러운 컬의 움직임을 연출합니다.

Woman Long Hair Style Design

L-2021-043-1

L-2021-043-2

L-2021-043-3

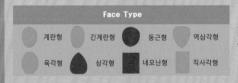

Face Type

계란형　긴계란형　동근형　역삼각형

육각형　삼각형　네모난형　직사각형

Hair Cut Method-
Technology Manual 166 Page 참고

속삭이듯 살랑거리는 웨이브의 움직임이 큐트함과 스위트함을 주는 페미닌 감성의 헤어스타일!

- 안말음, 뻗치는 흐름이 믹싱되어 춤을 추듯 자유롭게 움직이는 웨이브 컬은 언제나 여성들에게 사랑받고 설렘을 주는 헤어스타일입니다.
- 언더에서 하이 그러데이션으로 커트를 하고 톱 쪽으로 레이어드를 넣어서 섬세하게 층을 연결하여 차분하면서 자유로운 율동감의 실루엣을 연출합니다.
- 틴닝으로 모발 길이 중간 끝부분에서 숱을 쳐서 가벼운 질감을 만들고, 굵은 롤로 2~3컬의 풀린 듯한 웨이브 파마를 해 줍니다.
- 헤어 드라이기로 뿌리부터 말리면서 70%를 말린 후, 글로스 왁스를 고르게 바르고 스크런치 드라이 기법으로 드라이하고 손가락으로 방향을 잡아 주어 자연스러운 컬의 움직임을 연출합니다.

Woman Long Hair Style Design

L-2021-044-1

L-2021-044-2

L-2021-044-3

Face Type			
계란형	긴계란형	동근형	역삼각형
육각형	삼각형	네모난형	직사각형

Hair Cut Method-
Technology Manual 166 Page 참고

차분하면서 움직임 있는 웨이브 컬의 율동감이 발랄하고 달콤한 소녀 감성의 헤어스타일!

• 언더에서 하이 그러데이션으로 커트를 하고 톱 쪽으로 레이어드를 세밀하게 커트하여 들뜨지 않고 차분하면서 가늘어지고 가벼운 층을 만듭니다.

• 틴닝으로 모발 길이 중간, 끝부분에서 부드럽고 움직임 있는 질감을 표현합니다.

• 굵은 롤로 1.5~2컬의 풀린 듯 느낌의 웨이브 파마를 합니다.

• 헤어 드라이기로 뿌리부터 말리면서 70%를 말린 후, 글로스 왁스를 고르게 바르고 스크런치 드라이 기법으로 드라이하고 털어서 소질하면 자유로운 컬의 율동감이 살아나고, 빗질하여 안말음 하면 차분한 웨이브 흐름이 연출됩니다.

Woman Long Hair Style Design

L-2021-045-1

L-2021-045-2

L-2021-045-3

Face Type

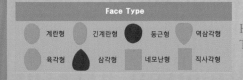

계란형　　긴계란형　　둥근형　　역삼각형

육각형　　삼각형　　네모난형　　직사각형

Hair Cut Method-
Technology Manual 166 Page 참고

곡선의 실루엣과 자유롭게 율동하는 컬의 흐름이 믹싱되어 큐트함과 섹시함을 주는 헤어스타일!

- 네이프 부분에서 인크리스 레이어드로 가늘어지고 가벼운 흐름의 커트를 하고 톱 쪽으로 그러데이션, 레이어드의 콤비네이션 커트 기법으로 부드럽고 둥근감 있는 곡선의 실루엣을 연출합니다.
- 프런트, 사이드에서 층을 조절하고 슬라이딩 커트로 페이스 라인의 표정을 연출하고 베이스는 모발 길이 중간, 끝부분에서 틴닝으로 가벼운 질감 커트를 합니다.
- 굵은 롤로 원컬의 풀린 듯한 느낌의 웨이브 파마를 해 줍니다.
- 헤어 드라이기로 뿌리부터 말리면서 70%를 말린 후, 글로스 왁스를 고르게 바르고 스크런치 드라이 기법으로 드라이하고 손가락으로 방향을 잡아 주어 자연스러운 컬의 움직임을 연출합니다.

Woman Long Hair Style Design

L-2021-046-1   L-2021-046-2   L-2021-046-3

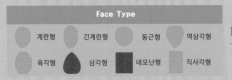

Face Type			
계란형	긴계란형	둥근형	역삼각형
육각형	삼각형	네모난형	직사각형

Hair Cut Method–
Technology Manual 166 Page 참고

두둥실 자유롭게 춤을 추듯 웨이브 컬의 흐름이 돋보이는 사랑스럽고 스위트한 헤어스타일!

• 가늘어지고 가벼운 모류에 웨이브 컬을 주는 롱 헤어스타일은 감미롭고 사랑스러우며 달콤함을 느끼게 하는 헤어스타일입니다.

• 언더에서 하이 그러데이션으로 커트하고 톱 쪽으로 레이어드를 연결하고 프런트와 사이드는 길이를 조절하여 층을 주고 가늘어지고 가벼운 질감 커트를 하여 스타일의 표정을 만들어 줍니다.

• 모발 길이 중간, 끝부분에서 틴닝으로 모발량을 조절하여 부드러운 모류를 만들고, 굵은 롤로 1.5~2컬의 풀린 듯한 느낌의 웨이브 파마를 해 줍니다.

• 헤어 드라이기로 뿌리부터 말리면서 70%를 말린 후, 글로스 왁스를 고르게 바르고 스크런치 드라이 기법으로 드라이하고 손가락으로 방향을 잡아 주어 자연스러운 컬의 움직임을 연출합니다.

Woman Long Hair Style Design

L-2021-047-1

L-2021-047-2

L-2021-047-3

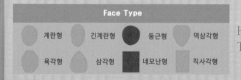

Hair Cut Method–
Technology Manual 166Page 참고

탄력 있는 스파이럴 컬과 풍성하게 부풀려 있는 율동감이 색다름을 주는 개성파 헤어스타일!

- 탄력 있는 스파이럴 컬은 한국에서는 1988년 처음 유행을 사작한 헤어스타일로, 현재에는 스파이럴의 굵기, 베이스의 형태에 따라서 독특하고 트렌디한 감성을 주는 헤어스타일입니다.
- 언더에서 하이 그러데이션으로 커트를 하고 톱 쪽으로 레이어드를 넣어서 가볍고 부드러운 실루엣을 연출하고 틴닝으로 모발 길이 중간, 끝부분에서 숱을 쳐서 가볍고 부드러운 질감을 만들고, 중간 크기 롯드로 스파이럴 와인딩을 하여 파마를 해 줍니다.
- 헤어 드라이기로 뿌리부터 말리면서 70%를 말린 후, 글로스 왁스를 고르게 바르고 스크런치 드라이 기법으로 드라이하고 털어서 자연스러운 컬의 움직임을 연출합니다.

Woman Long Hair Style Design

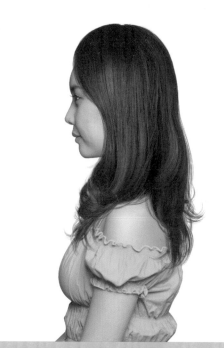

L-2021-048-1　　　　　　　　　L-2021-048-2　　　　　　　　　L-2021-048-3

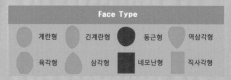

Face Type

| 계란형 | 긴계란형 | 동근형 | 역삼각형 |
| 육각형 | 삼각형 | 네모난형 | 직사각형 |

Hair Cut Method-
Technology Manual 211 Page 참고

모선에서 안말음, 뻗치는 흐름이 믹싱되어 달콤하고 사랑스러운 큐트 감성의 헤어스타일!

- 롱 헤어스타일은 언더부분에서 자유롭게 믹싱되어 춤을 추듯 율동감을 주는 헤어스타일은 손질하기 편하면서 청순하고 여성스러움이 느껴지는 헤어스타일로 많은 여성들에게 사랑받아온 헤어스타일입니다.
- 언더에서 하이 그러데이션으로 커트를 하고 톱 쪽으로 레이어드를 연결하여 부드럽고 가벼운 실루엣을 연출합니다.
- 틴닝으로 모발 길이 중간, 끝부분에서 숱을 쳐서 가벼운 질감을 만들고 굵은 롤로 1.5컬의 파마를 해 줍니다.
- 헤어 드라이기로 뿌리부터 말리면서 70%를 말린 후, 글로스 왁스를 고르게 바르고 스크런치 드라이 기법으로 드라이하고 손가락으로 방향성을 만들면서 자연스러운 컬의 움직임을 연출합니다.

Woman Long Hair Style Design

L-2021-049-1

L-2021-049-2

L-2021-049-3

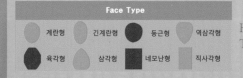

Face Type

계란형   긴계란형   둥근형   역삼각형

육각형   삼각형   네모난형   직사각형

Hair Cut Method-
Technology Manual 211 Page 참고

탄력 있는 안말음의 볼륨 웨이브 컬이 차분하면서 지성미가 더해지는 심쿵주의 헤어스타일!

• 언더에서 미디엄 그러데이션으로 커트를 하고 톱 쪽으로 레이어드를 연결하여 부드러운 층을 만듭니다.

• 모발 길이 중간, 끝부분에서 틴닝으로 가벼운 질감을 만들고 굵은 롤로 1.3~1.8컬의 웨이브 파마를 해 줍니다.

• 끝부분에 컬 파마는 손질하기 편하고 여성스러우면서 온화한 느낌을 주는 헤어스타일입니다.

• 헤어 드라이기로 뿌리부터 말리면서 70%를 말린 후, 글로스 왁스를 고르게 바르고 스크런치 드라이 기법으로 드라이하고 손가락 빗질로 방향을 잡아 주며 자연스러운 컬의 움직임을 연출합니다.

Woman Long Hair Style Design

L-2021-050-1

L-2021-050-2

L-2021-050-3

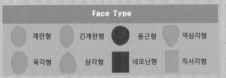

Face Type

계란형	긴계란형	둥근형	역삼각형
육각형	삼각형	네모난형	직사각형

Hair Cut Method-
Technology Manual 166 Page 참고

푹신하고 안말음 되는 컬의 율동이 아름다운 여성미가 느껴지는 롱 헤어스타일!

- 굵고 탄력 있는 볼륨 웨이브의 롱 헤어스타일은 사랑스럽고 여성스러운 이미지를 주는 헤어스타일입니다.
- 롱 레이어드 형태로 커트를 하고 굵은 롤로 1.5~2컬의 웨이브 파마를 해 줍니다.
- 헤어 드라이기로 뿌리부터 말리면서 70%를 말린 후, 글로스 왁스를 고르게 바르고 스크런치 드라이 기법으로 드라이하고 손가락 빗질하여 자연스러운 컬의 움직임을 연출합니다.

Woman Long Hair Style Design

L-2021-051-1

L-2021-051-2

L-2021-051-3

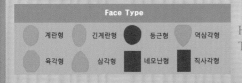

Hair Cut Method-
Technology Manual 166 Page 참고

플린 듯 루스한 컬이 자유롭고 자연스러운 흐름이 귀여움과 여성스러운 느낌을 주는 헤어스타일!

- 웨이브가 풀린 듯 흐느적거리는 흐름은 부드럽고 로맨틱한 감성을 느끼게 하는 헤어스타일입니다.
- 언더에서 하이 그러데이션으로 커트하고 톱 쪽으로 레이어드를 연결하여 부드럽고 가벼운 실루엣의 롱 헤어스타일을 형태를 만들고 모발 길이 중간, 끝부분에서 틴닝으로 가벼운 흐름을 연출합니다.
- 헤어스타일의 중간 부분까지 굵은 웨이브 파마를 해 줍니다.
- 헤어 드라이기로 뿌리부터 말리면서 70%를 말린 후, 글로스 왁스를 고르게 바르고 스크런치 드라이 기법으로 드라이하고 털어서 자연스러운 컬의 움직임을 연출합니다.

Woman Long Hair Style Design

L-2021-052-1

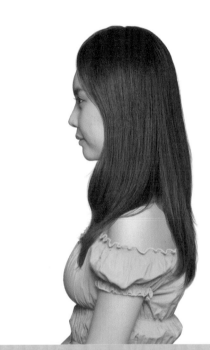

L-2021-052-2

L-2021-052-3

Face Type

| 계란형 | 긴계란형 | 동근형 | 역삼각형 |
| 육각형 | 삼각형 | 네모난형 | 직사각형 |

Hair Cut Method-
Technology Manual 211 Page 참고

모선에 곡선의 부드러운 컬의 흐름이 차분하고 멋스러운 페미닌 감성의 헤어스타일!

- 차분하게 내려오다 언더에서 안말음 되는 컬의 흐름은 단정하고 지적인 아름다움을 주는 헤어스타일입니다.
- 언더에서 하이 그러데이션으로 커트하고 톱 쪽으로 레이어드를 넣어서 부드러운 흐름의 실루엣을 연출합니다.
- 모발 길이 중간, 끝부분에서 틴닝으로 부드럽고 가벼운 흐름을 만들고, 굵은 롤로 원컬의 파마를 합니다.
- 헤어 드라이기로 뿌리부터 말리면서 70%를 말린 후, 글로스 왁스를 고르게 바르고 스크런치 드라이 기법으로 드라이하고 털어서 자연스러운 컬의 움직임을 연출합니다.

Woman Long Hair Style Design

L-2021-053-1

L-2021-053-2

L-2021-053-3

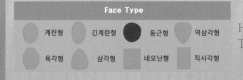

Face Type

| 계란형 | 긴계란형 | 둥근형 | 역삼각형 |
| 육각형 | 삼각형 | 네모난형 | 직사각형 |

Hair Cut Method-
Technology Manual 166 Page 참고

두둥실 춤을 추듯 율동감 있는 컬의 흐름이 멋스럽고 매력적인 로맨틱 감성의 헤어스타일!

- 탄력 있고 굵으면서 흐느적거리고 출렁이는 컬의 느낌은 여성 누구나 하고 싶은 스타일입니다.
- 컬의 움직임이 좋으려면 모발을 건강하게 관리하여야 합니다.
- 언더에서 미디엄 그러데이션으로 커트하고 톱 쪽으로 레이어드를 넣어서 부드럽고 가벼운 실루엣을 연출합니다.
- 모발 길이 중간, 끝부분에서 틴닝으로 가벼운 흐름을 만들고 굵은 롤로 2~2.5컬의 웨이브 파마를 합니다.
- 헤어 드라이기로 뿌리부터 말리면서 70%를 말린 후 글로스 왁스를 고르게 바르고 스크런치 드라이 기법으로 드라이하고, 손가락 빗질하여 자연스러운 컬의 움직임을 연출합니다.

Woman Long Hair Style Design

L-2021-054-1

L-2021-054-2

L-2021-054-3

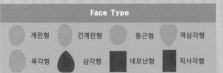

Face Type			
계란형	긴계란형	둥근형	역삼각형
육각형	삼각형	네모난형	직사각형

Hair Cut Method-
Technology Manual 166Page 참고

두둥실 춤을 추듯 율동하는 웨이브 컬이 멋스럽고 매혹적인 러블리 헤어스타일!

• 길이가 아주 긴 길이의 웨이브 롱 헤어스타일은 매혹적이고 판타스틱 헤어스타일입니다.

• 건강한 머릿결을 오래도록 유지하여야 길게 기를 수 있어서 모발 관리를 잘 하여야 롱 헤어를 즐길 수 있습니다.

• 레이어드로 부드럽고 가벼운 실루엣을 만들고 끝부분을 슬라이딩 커트로 가늘어지고 가벼운 율동을 만듭니다.

• 헤어 드라이기로 뿌리부터 말리면서 70%를 말린 후, 글로스 왁스를 고르게 바르고 드라이하고 손가락 빗질하여 자연스러운 컬의 움직임을 연출합니다.

Woman Long Hair Style Design

L-2021-055-1

L-2021-055-2

L-2021-055-3

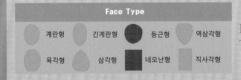

Face Type				
계란형	긴계란형	둥근형	역삼각형	
육각형	삼각형	네모난형	직사각형	

Hair Cut Method-
Technology Manual 211 Page 참고

풀려서 흘러내린 듯 루스한 컬의 흐름이 발랄하고 스위트한 매력의 헤어스타일!

• 살랑거리는 루스한 컬의 자유로운 흐름이 자연스러운 롱 헤어스타일은 발랄하고 여성스러운 이미지를 주는 러블리 헤어스타일입니다.

• 언더에서 하이 그러데이션을 커트하고 톱 쪽으로 레이어드를 넣어서 곡선의 부드러운 형태를 만듭니다.

• 모발 길이 중간, 끝에서 틴닝으로 가늘어지고 가벼운 흐름을 만들고 굵은 롤로 뿌리를 제외한 웨이브 파마를 해 줍니다.

• 헤어 드라이기로 뿌리부터 말리면서 70%를 말린 후, 글로스 왁스를 고르게 바르고 스크런치 드라이 기법으로 풍성한 볼륨을 만들고 털어서 자연스러운 컬의 움직임을 연출합니다.

Woman Long Hair Style Design

L-2021-056-1   L-2021-056-2   L-2021-056-3

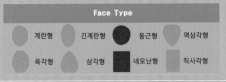

Face Type

계란형   긴계란형   둥근형   역삼각형
육각형   삼각형   네모난형   직사각형

Hair Cut Method-
Technology Manual 211 Page 참고

윤기와 촉촉함을 머금은 듯 흐느적거리는 컬의 흐름이 매력적인 러블리 헤어스타일!

- 풀린 듯 흐느적거리는 컬이 자연스러운 롱 헤어스타일은 발랄하고 달콤한 느낌을 주어서 언제나 사랑받는 헤어스타일입니다.
- 언더에서 하이 그러데이션을 커트하고 톱 쪽으로 레이어드를 넣어서 곡선의 부드러운 실루엣을 연출합니다.
- 모발 길이 중간, 끝에서 틴닝으로 가늘어지고 가벼운 흐름을 만들고 굵은 롤로 전체 웨이브 파마를 해 줍니다.
- 헤어 드라이기로 뿌리부터 말리면서 70%를 말린 후, 글로스 왁스를 고르게 바르고 스크런치 드라이 기법으로 풍성한 볼륨을 만들고 털어서 자연스러운 컬의 움직임을 연출합니다

Woman Long Hair Style Design

L-2021-057-1

L-2021-057-2

L-2021-057-3

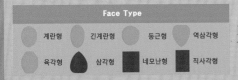

Face Type

| 계란형 | 긴계란형 | 둥근형 | 역삼각형 |
| 육각형 | 삼각형 | 네모난형 | 직사각형 |

Hair Cut Method-
Technology Manual 196Page 참고

생머리 모류가 자연스럽게 율동하여 차분하고 단정한 느낌을주는 페미닌 헤어스타일!

- 곡선의 형태로 부드러운 생머리의 흐름은 차분하고 안정적이며 지적인 이미지를 주는 헤어스타일입니다.
- 이마를 시원스럽게 드러내어 사이드로 날려지는 느낌이 세련되고 쿨한 인상을 느끼게 합니다.
- 언더에서 레이어드로 가늘어지고 가벼운 흐름을 연출하고 톱 쪽으로 그러데이션과 레이어드를 연결하여 부드러운 곡선의 형태를 만듭니다.
- 틴닝으로 중간, 끝부분에서 가벼운 질감 커트를 하고 슬라이딩 커트로 가늘어지고 가벼운 율동감의 흐름을 연출합니다.
- 원컬 스트레이트, 원컬 웨이브 파마를 해 줍니다.
- 헤어 드라이기로 뿌리부터 말리면서 80%를 말린 후, 롤 브러시나 아이롱으로 연출한 후, 글로스 왁스를 고르게 바르고 빗질하여 스타일링을 합니다.

Woman Long Hair Style Design

L-2021-057-1

L-2021-057-2

L-2021-057-3

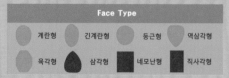

Face Type			
계란형	긴계란형	둥근형	역삼각형
육각형	삼각형	네모난형	직사각형

Hair Cut Method-
Technology Manual 204 Page 참고

생머리의 흐름이 어깨선을 타고 뻗치는 흐름이 우아하고 아름다운 헤어스타일!

• 이마를 시원하게 드러내고 뿌리에 볼륨을 주어 풍성하게 올려 빗고 사이드로 율동하여 어깨선을 타고 뻗치는 흐름이 우아하고 세련된 지성의 감성을 주는 헤어스타일입니다.

• 언더에서 레이어드로 가벼운 흐름을 연출하고 톱 쪽으로 그러데이션과 레이어드를 연결하여 부드러운 곡선의 실루엣을 연출합니다.

• 틴닝으로 중간, 끝부분에서 가벼운 질감 커트를 하고 슬라이딩 커트로 가늘어지고 가벼운 흐름을 연출합니다.

• 1.3~1.6컬의 바깥말음 웨이브 파마를 해 줍니다.

• 헤어 드라이기로 뿌리부터 말리면서 80%를 말린 후, 롤 브러시나 아이롱으로 연출한 후, 글로스 왁스를 고르게 바르고 빗질하여 스타일링을 합니다.

Woman Long Hair Style Design

L-2021-059-1

L-2021-059-2

L-2021-059-3

Face Type

계란형   긴계란형   동근형   역삼각형

육각형   삼각형   네모난형   직사각형

Hair Cut Method-
Technology Manual 172 Page 참고

투명감 있는 윤기와 맑고 청순한 이미지를 즐기고 싶다면 스트레이트 헤어스타일 변신!

- 건강한 머릿결은 투명감 있는 윤기로 찰랑거리는 움직임을 주어 맑고 깨끗하고 청순한 이미지를 주는 스타일로 특히 커트를 섬세하게 하여 들뜨지 않고 고운 질감의 율동하는 스트레이트 롱 헤어스타일은 여성들이 소망하는 아름다운 헤어스타일입니다.
- 레이어드로 차분한 흐름의 층을 만들고 틴닝으로 모발 길이 중간, 끝부분에서 모발량을 조절하고 슬라이딩 커트로 가늘어지고 가벼운 율동감을 주는 흐름을 연출합니다.
- 곱슬머리 머릿결은 스트레이트 파마를 해 줍니다.
- 헤어 드라이기로 뿌리부터 말리면서 80%를 말린 후, 롤 브러시나 아이롱으로 연출한 후 글로스 왁스를 고르게 바르고 빗질하여 스타일링을 합니다.

Woman Long Hair Style Design

L-2021-060-1

L-2021-060-2

L-2021-060-3

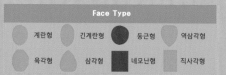

Face Type

| 계란형 | 긴계란형 | 둥근형 | 역삼각형 |
| 육각형 | 삼각형 | 네모난형 | 직사각형 |

Hair Cut Method-
Technology Manual 204 Page 참고

보송보송 공기를 머금은 듯 물결 웨이브가 인형처럼 귀엽고 달콤한 감성의 로맨틱 헤어스타일!

• 부드럽고 자연스러운 물결 웨이브의 롱 헤어스타일은 언제나 여성들에게 사랑받고 감동을 주는 러블리 헤어스타일입니다.

• 언더에서 미디엄 그러데이션을 커트하고 톱 쪽으로 레이어드를 넣어서 부드러운 실루엣을 연출합니다.

• 모발 길이 중간, 끝에서 틴닝으로 가늘어지고 가벼운 질감을 만들고 굵은 롤로 전체 웨이브 파마를 해 줍니다.

• 헤어 드라이기로 뿌리부터 말리면서 70%를 말린 후, 글로스 왁스를 고르게 바르고 스크런치 드라이 기법으로 풍성한 볼륨을 만들고 털어서 자연스러운 컬의 움직임을 연출합니다.

Woman Long Hair Style Design

L-2021-061-1

L-2021-061-2

L-2021-061-3

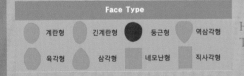

Face Type

계란형	긴계란형	둥근형	역삼각형
육각형	삼각형	네모난형	직사각형

Hair Cut Method-
Technology Manual 172 Page. 참고

차분하고 지적인 아름다움을 느끼게 하는 클래식 감성의 헤어스타일!

• 롱 헤어의 안말음 되는 정통 클래식 감성의 헤어스타일은 오래도록 사랑받아온 아름다운 헤어스타일입니다.

• 언더에서 하이 그러데이션을 커트하고 톱 쪽으로 레이어드를 연결하여 부드러운 곡선의 실루엣을 연출합니다.

• 슬라이딩 커트로 가늘어지고 가벼운 율동감의 질감을 표현합니다.

• 굵은 롤로 1.5~1.7컬의 파마를 해 줍니다.

• 헤어 드라이기로 뿌리부터 말리면서 70%를 말린 후, 글로스 왁스를 고르게 바르고 손가락 빗질하여 스타일링을 합니다.

Woman Long Hair Style Design

L-2021-062-1

L-2021-062-2

L-2021-062-3

Face Type

계란형	긴계란형	둥근형	역삼각형
육각형	삼각형	네모난형	직사각형

Hair Cut Method-
Technology Manual 196 Page 참고

특별하게 보여 주고 싶은 개성파 여성들의 로망… 나를 위한 나만의 헤어스타일!

- 가늘어지고 가벼운 머릿결이 윤기를 머금은 듯 찰랑거리며 자유롭게 율동하는 흐름이 환상적이고 매혹적인 러블리 헤어스타일입니다.
- 네이프와 사이드에서 곡선의 흐름을 만들기 위해 인크리스 레이어드로 커트하고 톱 쪽으로 하이 그러데이션과 레이어드를 연결하여 부드러운 곡선의 실루엣을 연출합니다.
- 슬라이딩 커트로 가늘어지고 가벼운 율동감의 질감을 표현합니다.
- 곱슬머리 머릿결은 스트레이트 파마를 해 줍니다.
- 헤어 드라이기로 뿌리부터 말리면서 80%를 말린 후, 롤 브러시나 아이롱으로 연출한 후 글로스 왁스를 고르게 바르고 빗질하여 스타일링을 합니다.

Woman Long Hair Style Design

L-2021-063-1

L-2021-063-2

L-2021-063-3

Face Type

계란형   긴계란형   둥근형   역삼각형

육각형   삼각형   네모난형   직사각형

Hair Cut Method-
Technology Manual 196 Page 참고

차분하면서 발랄하고 청순한 느낌을 주는 이노센트 감성의 헤어스타일!

- 찰랑찰랑한 스트레이트 흐름이 곡선의 실루엣으로 흐르는 모류는 맑고 청순하면서도 소녀스러운 이미지를 주는 아름다운 헤어스타일입니다.
- 언더에서 가늘어지고 가벼운 레이어드 커트를 하고 톱 쪽으로 하이 그러데이션과 레이어드를 넣어서 곡선의 부드러운 형태를 만듭니다.
- 모발 길이 중간, 끝에서 틴닝으로 가늘어지고 가벼운 흐름을 만들고 원컬 스트레이트를 해 줍니다.
- 헤어 드라이기로 뿌리부터 말리면서 80%를 말린 후, 롤 브러시나 아이롱으로 연출한 후 글로스 왁스를 고르게 바르고 빗질하여 스타일링을 합니다.

Woman Long Hair Style Design

L-2021-064-1

L-2021-064-2

L-2021-064-3

Face Type			
계란형	긴계란형	둥근형	역삼각형
육각형	삼각형	네모난형	직사각형

Hair Cut Method-
Technology Manual 196 Page 참고.

부드러운 곡선의 스트레이트 흐름이 안말음, 뻗치는 흐름이 혼합되어 무드가 급상승!

- 둥그스런 실루엣의 스트레이트 흐름이 턱선을 감싸는 안말음 흐름과 어깨선을 타고 자연스럽게 뻗치는 흐름이 황금 밸런스를 이루어 얼굴을 작아 보이게 하고 청순한 아름다움을 주는 페미닌 헤어스타일입니다.
- 언더에서 가늘어지고 가벼운 레이어드 커트를 하고 톱 쪽으로 그러데이션과 레이어드를 넣어서 풍성한 곡선의 부드러운 형태를 만듭니다.
- 모발 길이 중간, 끝에서 틴닝으로 가늘어지고 가벼운 흐름을 만들고 원컬 스트레트, 원컬 파마를 해 줍니다.
- 헤어 드라이기로 뿌리부터 말리면서 80%를 말린 후, 글로스 왁스를 고르게 바르고 손가락 빗질하여 자연스러운 움직임을 연출합니다.

Woman Long Hair Style Design

L-2021-065-1

L-2021-065-2

L-2021-065-3

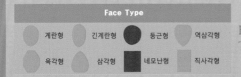

Face Type

계란형	긴계란형	둥근형	역삼각형
육각형	삼각형	네모난형	직사각형

Hair Cut Method-
Technology Manual 204 Page 참고

꿈틀거리고 살랑거리는 사랑스러운 웨이브 컬이 섹시함과 성숙한 아름다운을 주는 헤어스타일!

• 부드럽고 자연스러운 웨이브 컬이 살랑거리는 듯 율동하는 롱 헤어스타일은 언제나 낭만적이고 사랑스러운 러블리 헤어스타일입니다.

• 언더에서 하이 그러데이션을 커트하고 톱 쪽으로 레이어드를 넣어서 곡선의 부드러운 형태를 만듭니다.

• 모발 길이 중간, 끝에서 틴닝으로 가늘어지고 가벼운 흐름을 만들고 굵은 롤로 전체 웨이브 파마를 해 줍니다.

• 헤어 드라이기로 뿌리부터 말리면서 70%를 말린 후, 글로스 왁스를 고르게 바르고 스크런치 드라이 기법으로 풍성한 볼륨을 만들고 털어서 자연스러운 컬의 움직임을 연출합니다.

Woman Long Hair Style Design

L-2021-066-1

L-2021-066-2

L-2021-066-3

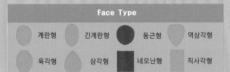

Face Type

계란형   긴계란형   둥근형   역삼각형

육각형   삼각형   네모난형   직사각형

Hair Cut Method-
Technology Manual 166 Page 참고

촉촉한 윤기를 머금은 듯 살랑거리는 웨이브 컬이 발랄하고 스위트함을 주는 심쿵 헤어스타일!

- 굵고 탄력 있으면서 자연스러운 웨이브 컬의 롱 헤어스타일은 톡톡하고 특별한 나만의 개성을 표현해 주는 헤어스타일입니다.
- 오랫동안 사랑받아온 헤어스타일이지만, 현재감과 트렌디한 감각을 줍니다.
- 언더에서 하이 그러데이션을 커트하고 톱 쪽으로 레이어드를 넣어서 곡선의 부드러운 실루엣을 연출합니다.
- 모발 길이 중간, 끝에서 틴닝으로 가늘어지고 가벼운 흐름을 만들고 굵은 롤로 전체 웨이브 파마를 해 줍니다.
- 헤어 드라이기로 뿌리부터 말리면서 70%를 말린 후, 글로스 왁스를 고르게 바르고 스크런치 드라이 기법으로 풍성한 볼륨을 만들고 털어서 자연스러운 컬의 움직임을 연출합니다.

Woman Long Hair Style Design

L-2021-067-1

L-2021-067-2

L-2021-067-3

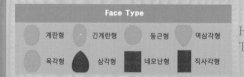

Face Type

| 계란형 | 긴계란형 | 둥근형 | 역삼각형 |
| 육각형 | 삼각형 | 네모난형 | 직사각형 |

Hair Cut Method-
Technology Manual 166 Page 참고

둥둥 떠다니는 듯 율동하는 컬이 매혹적이고 사랑스러운 판타스틱 헤어스타일!

- 아주 긴 길이의 롱 헤어스타일의 웨이브 컬은 낭만적이고 사랑스러운 심쿵 헤어스일입니다.
- 특히 윤기감을 머금은 듯 건강한 머릿결의 컬 스타일은 시선을 모으고 동경의 대상이 되며, 언더에서 하이 그러데이션을 커트하고 톱 쪽으로 레이어드를 넣어서 차분하고 부드러운 실루엣을 연출합니다.
- 모발 길이 중간, 끝에서 틴닝으로 가벼운 흐름을 만들고, 프런트 사이드에서 층을 주고 슬라이딩 커트로 가늘어지고 가볍게 율동하는 질감 커트를 합니다.
- 굵은 롤로 1.3~1.7컬의 웨이브 파마를 해 줍니다.
- 헤어 드라이기로 뿌리부터 말리면서 70%를 말린 후, 글로스 왁스를 고르게 바르고 스크런치 드라이 기법으로 풍성한 볼륨을 만들고 털어서 자연스러운 컬의 움직임을 연출합니다.

Woman Long Hair Style Design

L-2021-068-1

L-2021-068-2

L-2021-068-3

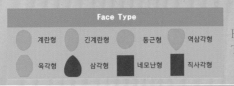

Face Type

계란형 긴계란형 둥근형 역삼각형

육각형 삼각형 네모난형 직사각형

Hair Cut Method-
Technology Manual 166 Page 참고

인형처럼… 배우처럼 사랑받고 아름다워지고 싶은 여성들의 갈망 심쿵 헤어스타일!

- 긴 길이의 롱 헤어스타일의 웨이브 컬은 매혹적이고 사랑스러운 페미닌 향기가 가득한 러블리 헤어스타일입니다.
- 언더에서 미디엄 그러데이션을 커트하고 톱 쪽으로 레이어드를 넣어서 차분하고 부드러운 실루엣을 연출합니다.
- 모발 길이 중간, 끝에서 틴닝으로 가벼운 흐름을 만들고, 프런트 사이드에서 층을 주고 슬라이딩 커트로 가늘어지고 가볍게 율동하는 질감 커트를 합니다.
- 굵은 롤로 뿌리를 제외한 웨이브 파마를 해 줍니다.
- 헤어 드라이기로 뿌리부터 말리면서 70%를 말린 후, 글로스 왁스를 고르게 바르고 스크런치 드라이 기법으로 풍성한 볼륨을 만들고 털어서 자연스러운 컬의 움직임을 연출합니다.

Woman Long Hair Style Design

L-2021-069-1

L-2021-069-2

L-2021-069-3

Face Type			
계란형	긴계란형	둥근형	역삼각형
육각형	삼각형	네모난형	직사각형

Hair Cut,Permament Wave Method-
Technology Manual 211Page 참고

차분하고 단정하면서 지적인 여성스러운 감성을 주는 페미닌 감성의 헤어스타일!

• 윤기를 머금은 듯 빛나는 스트레이트 흐름과 모선에서 안말음 흐름이 믹싱되어 섬세하고 세련된 아름다운 느낌을 주는 헤어스타일입니다.

• 언더에서 미디엄 그러데이션으로 커트하고 톱 쪽으로 레이어드를 넣어서 가볍고 부드러운 흐름을 연출합니다.

• 프런트와 사이드에서 길이를 조절하여 층을 만들고 모발 길이 중간, 끝부분에서 틴닝으로 부드러운 흐름을 만들고 페이스 라인은 슬라이딩 커트로 스타일의 표정을 표현하고, 굵은 롤로 1~1.5컬의 파마를 해 줍니다.

• 헤어 드라이기로 뿌리부터 말리면서 70%를 말린 후, 글로스 왁스를 고르게 바르고 스크런치 드라이 기법으로 드라이하고 손가락으로 방향을 잡아 주어 자연스러운 컬의 움직임을 연출합니다.

Woman Long Hair Style Design

L-2021-070-1

L-2021-070-2

L-2021-070-3

Face Type			
계란형	긴계란형	둥근형	역삼각형
육각형	삼각형	네모난형	직사각형

Hair Cut,Permament Wave Method-
Technology Manual 172Page 참고

윤기감과 찰랑찰랑함을 즐기고 싶다면 스트레이트의 롱 헤어스타일 추천!

- 투명감 있는 윤기감과 찰랑찰랑한 질감을 주는 스트레이트 헤어스타일은 차분하고 세련된 여성스러움을 느끼게 합니다.
- 언더에서 하이 그러데이션으로, 톱 쪽은 레이어드를 넣어서 깃털처럼 가벼운 실루엣을 연출합니다.
- 모발 길이 중간, 끝부분에서 틴닝으로 가볍게 해주고 슬라이딩 커트로 율동감 있는 질감을 표현합니다.
- 곱슬머리는 찰랑찰랑한 느낌의 스트레이트 파마를 해 줍니다.
- 헤어 드라이기로 뿌리부터 말리면서 80%를 말린 후, 롤 브러시나 아이롱으로 연출한 후, 글로스 왁스를 고르게 바르고 자유롭게 털어서 스타일링을 합니다.

Woman Long Hair Style Design

L-2021-071-1   L-2021-071-2   L-2021-071-3

Face Type			
계란형	긴계란형	둥근형	역삼각형
육각형	삼각형	네모난형	직사각형

Hair Cut Method-
Technology Manual 166 Page 참고

차분하면서 단정한 느낌에 청순함과 지성미가 더해지는 롱 헤어스타일!

• 안말음 되는 컬의 흐름은 턱선을 부드럽게 하고 얼굴을 작아 보이게 하는 롱 헤어스타일입니다.

• 언더에서 하이 그러데이션으로 커트하고 톱 쪽으로 레이어드를 넣어서 부드럽고 가벼운 실루엣을 만듭니다.

• 프론트 사이드는 턱선보다 긴 길이로 층을 만들고 슬라이딩 기법으로 가늘어지고 가벼운 질감을 연출하고 틴닝으로 중간, 끝부분을 부드러운 질감을 만들고 안말음의 컬 스트레이트 파마를 해 줍니다.

• 헤어 드라이기로 뿌리부터 말리면서 80%를 말린 후, 롤 브러시나 아이롱으로 연출하고 글로스 왁스를 고르게 바르고 자유롭게 손가락 빗질로 방향을 잡아 주며 스타일링을 합니다.

Woman Long Hair Style Design

L-2021-072-1

L-2021-072-2

L-2021-072-3

Face Type				
계란형	긴계란형	둥근형		역삼각형
육각형	삼각형	네모난형	직사각형	

Hair Cut Method-
Technology Manual 166 Page 참고

자연스럽고 부드러운 율동감의 컬의 흐름이 청순하고 사랑스러운 아름다움을 주는 헤어스타일!

- 부드럽게 움직임을 주는 안말음 컬의 흐름이 청순하고 소녀 감성을 느끼게 하는 헤어스타일입니다.
- 언더에서 하이 그러데이션으로 커트하고 톱 쪽으로 레이어드를 커트하여 부드럽고 가벼운 실루엣을 만듭니다.
- 모발 길이 중간, 끝부분에서 틴닝으로 가볍고 부드러운 흐름을 표현합니다.
- 굵은 롤로 1.3~1.6컬의 웨이브 파마를 해 줍니다.
- 헤어 드라이기로 뿌리부터 말리면서 70%를 말린 후, 글로스 왁스를 고르게 바르고 스크런치 드라이 기법으로 드라이하고 손가락으로 훑어 주듯 손가락 빗질하고 방향을 잡아 주어 자연스러운 컬의 움직임을 연출합니다.

Woman Long Hair Style Design

L-2021-073-1

L-2021-073-2

L-2021-073-3

Face Type				
계란형	긴계란형	둥근형	역삼각형	
육각형	삼각형	네모난형	직사각형	

Hair Cut Method-
Technology Manual 166 Page 참고

탄력 있고 풍성한 웨이브 컬이 신비롭고 달콤한 느낌을 주는 롱 헤어스타일!

- 전체를 탄력 있는 풍성한 웨이브 컬의 파마 헤어스타일은 과거에는 많이 했던 스타일이지만, 현재에는 오히려 독특하고 창의적인 매력을 주는 느낌입니다.
- 모발 길이 중간, 끝부분에서 틴닝으로 가볍고 부드러운 흐름을 표현합니다.
- 중간 롤로 전체를 웨이브 파마를 해 줍니다.
- 헤어 드라이기로 뿌리부터 말리면서 70%를 말린 후, 글로스 왁스를 고르게 바르고 스크런치 드라이 기법으로 드라이하고 털어서 자연스러운 컬의 움직임을 연출합니다.

Woman Long Hair Style Design

L-2021-074-1   L-2021-074-2   L-2021-074-3

Face Type			
계란형	긴계란형	둥근형	역삼각형
육각형	삼각형	네모난형	직사각형

Hair Cut Method-
Technology Manual 166 Page 참고

꿈을 꾸듯 자유롭게 출렁거리는 웨이브 컬이 신비롭고 달콤한 느낌을 주는 헤어스타일!

• 언더 부분에서 자유롭게 움직이는 율동감의 웨이브 컬은 사랑스럽고 여성스러운 러블리 헤어스타일입니다.

• 베이스를 레이어드로 층지게 커트를 하고 앞머리는 시스루 뱅으로 이마를 가려 주고 사이드를 층지게 커트합니다.

• 슬라이딩 커트로 가늘어지고 가벼운 흐름의 스타일 표정을 연출합니다.

• 굵은 롤로 1.3~1.7컬의 웨이브 파마를 해 줍니다.

• 헤어 드라이기로 뿌리부터 말리면서 70%를 말린 후, 글로스 왁스를 고르게 바르고 스크런치 드라이 기법으로 드라이하고 손가락으로 훑어 주듯 손가락 빗질하고 방향을 잡아 주어 자연스러운 컬의 움직임을 연출합니다.

Woman Long Hair Style Design

L-2021-075-1

L-2021-075-2

L-2021-075-3

Face Type			
계란형	긴계란형	둥근형	역삼각형
육각형	삼각형	네모난형	직사각형

Hair Cut Method–
Technology Manual 172 Page 참고

탄력 있는 풍성한 컬과 스트레이트 질감이 믹싱되어 독특한 멋스러움을 주는 헤어스타일!

• 탄력 있는 웨이브는 오래전부터 사랑받아온 헤어스타일이고 현재의 풀린 듯한 자연스러운 컬과 대비되어 독특한 느낌을 주는 헤어스타일입니다.

• 레이어드로 층지게 커트하고 틴닝으로 가볍고 부드러운 질감을 표현합니다.

• 중간 롤로 길이의 중간까지 웨이브 파마를 해 줍니다.

• 헤어 드라이기로 뿌리부터 말리면서 70%를 말린 후, 글로스 왁스를 고르게 바르고 스크런치 드라이 기법으로 드라이하고 털어서 자연스러운 컬의 움직임을
연출합니다.

Woman Long Hair Style Design

L-2021-076-1   L-2021-076-2   L-2021-076-3

Face Type			
계란형	긴계란형	둥근형	역삼각형
육각형	삼각형	네모난형	직사각형

Hair Cut Method-
Technology Manual 166 Page 참고

자유롭고 싶은 나만의 개성… 내가 선택한 나만의 헤어스타일!

• 유행과 대비되는 나만의 색다른 느낌의 헤어스타일 연출은 자유롭고 독특한 개성적인 이미지를 줍니다.

• 베이스를 레이어드 커트로 가볍고 움직임 있는 흐름을 연출하고 슬라이딩 커트로 가늘어지고 가벼운 질감 커트를 합니다.

• 굵은 중간 롤로 전체 웨이브 파마를 해 줍니다.

• 헤어 드라이기로 뿌리부터 말리면서 70%를 말린 후, 글로스 왁스를 고르게 바르고 스크런치 드라이 기법으로 풍성하게 부풀리게 드라이하고 털어서 자연스러운 컬의 움직임을 연출합니다.

Woman Long Hair Style Design

L-2021-077-1

L-2021-077-2

L-2021-077-3

Face Type			
계란형	긴계란형	둥근형	역삼각형
육각형	삼각형	네모난형	직사각형

Hair Cut Method-
Technology Manual 166 Page 참고

맑고 투명감을 주는 윤기감의 스트레이트 질감이 아름다운 베이직 롱 헤어스타일!

• 앞머리가 없이 이마를 드러낸 스트레이트 헤어스타일은 차분하고 깨끗하면서 자신감과 품격을 느끼게 합니다.

• 전체를 레이어드 커트로 들뜨지 않고 차분한 표면의 질감으로 층지게 커트합니다.

• 슬라이딩 커트로 세밀하게 커트하여 가늘어지고 가벼운 스타일 표정을 연출합니다.

• 헤어 드라이기로 뿌리부터 말리면서 80%를 말린 후, 롤 브러시나 아이롱으로 연출한 후 글로스 왁스를 고르게 바르고 빗질하여 스타일링을 합니다.

Woman Long Hair Style Design

L-2021-078-1   L-2021-078-2   L-2021-078-3

Face Type			
계란형	긴계란형	둥근형	역삼각형
육각형	삼각형	네모난형	직사각형

Hair Cut Method-
Technology Manual 166 Page 참고

보송보송 풍성한 컬이 율동감을 주는 에어리 웨이브 헤어스타일!

• 언더에서 풍성하게 안말음으로 출렁이는 웨이브 스타일은 여성스럽고 사랑스러움을 주는 페미닌 감성의 헤어스타일입니다.

• 언더에서 하이 그러데이션으로 커트하고 톱 쪽으로 레이어드를 넣어서 부드러운 층을 만듭니다.

• 모발 길이 중간, 끝부분에서 틴닝으로 가볍고 부드러운 흐름을 연출합니다.

• 굵은 롤로 1.3~1.7컬의 웨이브 파마를 합니다.

• 헤어 드라이기로 뿌리부터 말리면서 70%를 말린 후, 글로스 왁스를 고르게 바르고 스크런치 드라이 기법으로 드라이하고 손가락으로 훑어 주듯 손가락 빗질하고 방향을 잡아 주어 자연스러운 컬의 움직임을 연출합니다.

Woman Long Hair Style Design

L-2021-079-1

L-2021-079-2

L-2021-079-3

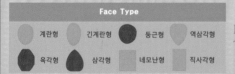

Face Type

| 계란형 | 긴계란형 | 둥근형 | 역삼각형 |
| 육각형 | 삼각형 | 네모난형 | 직사각형 |

Hair Cut,Permament Wave Method-
Technology Manual 166 Page 참고

모선에서 통통 튀는 컬의 율동감과 스트레이트 질감이 어울어져 청순하고 사랑스러운 헤어스타일!

- 스트레이트 헤어에 끝부분만 굵은 웨이브 컬을 주는 헤어스타일은 손질하기도 편하고 차분하고 단정한 아름다움을 주는 헤어스타일입니다.
- 언더에서 미디엄 그러데이션으로 커트하고 톱 쪽으로 레이어드를 넣어서 둥근감의 부드러운 형태를 만들고 틴닝으로 길이의 끝부분에서 가벼운 질감을 연출합니다.
- 굵은 롤로 1~1.5컬의 웨이브 파마를 해 줍니다.
- 헤어 드라이기로 뿌리부터 말리면서 70%를 말린 후, 글로스 왁스를 고르게 바르고 스크런치 드라이 기법으로 드라이하고 손가락으로 훑어 주듯 손가락 빗질하고 방향을 잡아 주어 자연스러운 컬의 움직임을 연출합니다.

Woman Long Hair Style Design

L-2021-080-1

L-2021-080-2

L-2021-080-3

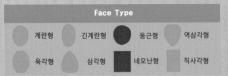

Face Type

| 계란형 | 긴계란형 | 동근형 | 역삼각형 |
| 육각형 | 삼각형 | 네모난형 | 직사각형 |

Hair Cut Method-
Technology Manual 166 Page 참고

안말음, 뻗치는 컬이 어울려져 자유롭고 발랄한 느낌의 러블리 헤어스타일!

- 스트레이트 흐름에 언더에서 자유로운 율동감의 컬이 믹싱되는 헤어스타일을 여성스럽고 발랄한 이미지를 주고 손질하기도 편해서 오래도록 사랑받아 온 헤어스타일입니다.
- 언더에서 미디엄 그러데이션으로 커트하고 톱 쪽으로 레이어드를 넣고 틴닝으로 모발 길이 중간, 끝부분에서 가볍고 가늘어지는 질감을 표현합니다.
- 굵은 롤로 1~1.5컬의 웨이브 파마를 해 줍니다.
- 헤어 드라이기로 뿌리부터 말리면서 70%를 말린 후, 글로스 왁스를 고르게 바르고 스크런치 드라이 기법으로 드라이하고 손가락으로 훑어 주듯 손가락 빗질하고 방향을 잡아 주어 자연스러운 컬의 움직임을 연출합니다.

Woman Long Hair Style Design

L-2021-081-1 · L-2021-081-2 · L-2021-081-3

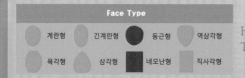

Face Type

계란형 · 긴계란형 · 둥근형 · 역삼각형

육각형 · 삼각형 · 네모난형 · 직사각형

Hair Cut Method-
Technology Manual 166 Page 참고

두둥실 춤을 추듯 출렁거리는 물결 웨이브가 사랑스럽고 아름다운 매력을 주는 러블리 헤어스타일!

- 롱 헤어에 굵고 탄력 있는 풍성한 전체 웨이브 파마는 언제나 사랑스럽고 아름다운 매력을 주는 독특한 개성을 주는 헤어스타일입니다.
- 언더에서 미디엄 그러데이션으로 커트하고 톱 쪽으로 레이어드를 커트하여 부드러운 형태를 만듭니다.
- 틴닝으로 모발 길이 중간, 끝부분에서 가벼운 질감을 만들고, 굵은 롤, 중간 롤로 전체에 굵고 탄력 있는 웨이브 파마를 해 줍니다.
- 헤어 드라이기로 뿌리부터 말리면서 70%를 말린 후, 글로스 왁스를 고르게 바르고 스크런치 드라이 기법으로 풍성하게 드라이하고 털어서 자연스러운 컬의 움직임을 연출합니다.

Woman Long Hair Style Design

L-2021-082-1

L-2021-082-2

L-2021-082-3

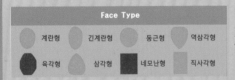

Face Type			
계란형	긴계란형	둥근형	역삼각형
육각형	삼각형	네모난형	직사각형

Hair Cut Method-
Technology Manual 166 Page 참고

인형처럼 귀엽고 발랄하고 사랑스러운 아름다움을 간직하고픈 여성들의 소망!

• 탄력 있고 풍성한 컬이 안말음 되어 목선과 어깨선을 감싸는 듯 율동감이 인형처럼 예쁘고 아름다운 큐트 감각의 헤어스타일입니다.

• 언더에서 미디엄 그러데이션으로 커트하고 톱 쪽으로 레이어드를 넣어서 부드러운 형태를 만들고 모발 길이 중간, 끝부분에서 틴닝으로 가볍고 부드러운 질감을 연출합니다.

• 굵은 롤로 1.3~1.7컬의 웨이브 파마를 해 줍니다.

• 헤어 드라이기로 뿌리부터 말리면서 70%를 말린 후, 글로스 왁스를 고르게 바르고 스크런치 드라이 기법으로 드라이하고 손가락으로 훑어 주듯 손가락 빗질하고 방향을 잡아 주어 자연스러운 컬의 움직임을 연출합니다.

Woman Long Hair Style Design

L-2021-083-1   L-2021-083-2   L-2021-083-3

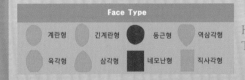

Face Type

| 계란형 | 긴계란형 | 둥근형 | 역삼각형 |
| 육각형 | 삼각형 | 네모난형 | 직사각형 |

Hair Cut Method–
Technology Manual 166Page 참고

평범한 스타일은 싫다. 나만의 자유로움! 나만의 개성 있는 헤어스타일!

- 유행을 따라 하지 않고 개성을 추구하는 여성들은 자신만의 개성을 표출하고 싶고 나만의 이미지를 연출하고 싶어합니다.
- 언더에서 미디엄 그러데이션으로 커트하고 톱 쪽으로 레이어를 넣어서 층을 연결하고 틴닝으로 모발 길이 중간, 끝부분에서 숱을 쳐서 부드러운 움직임을 연출합니다.
- 굵은 롤로 뿌리 부분을 제외한 전체를 와인딩하여 웨이브 파마를 해 줍니다.
- 헤어 드라이기로 뿌리부터 말리면서 70%를 말린 후, 글로스 왁스를 고르게 바르고 스크런치 드라이 기법으로 부풀리듯 드라이하고 털어서 자연스러운 컬의 움직임을 연출합니다.

Woman Long Hair Style Design

L-2021-084-1   L-2021-084-2   L-2021-084-3

Face Type			
계란형	긴계란형	둥근형	역삼각형
육각형	삼각형	네모난형	직사각형

Hair Cut Method-
Technology Manual 166 Page 참고

스트레이트 흐름에 모선에서 춤을 추듯 컬의 율동감이 청순함과 사랑스러움의 러블리 헤어스타일!

- 스트레이트 흐름에 언더에서 굵은 웨이브 컬을 주어 차분하고 지적이며 사랑스러움을 주는 헤어스타일은 여성들이 언제나 좋아하는 인기 헤어스타일입니다.
- 언더에서 미디엄 그러데이션을 커트하고 톱 쪽으로 레이어드를 넣어서 부드러운 층을 연결하고 틴닝으로 모발 길이 중간, 끝부분에서 가벼운 질감을 만듭니다.
- 헤어 드라이기로 뿌리부터 말리면서 70%를 말린 후, 글로스 왁스를 고르게 바르고 스크런치 드라이 기법으로 드라이하고 손가락으로 훑어 주듯 손가락 빗질하고 방향을 잡아 주어 자연스러운 컬의 움직임을 연출합니다.

Woman Long Hair Style Design

L-2021-085-1

L-2021-085-2

L-2021-085-3

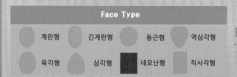

Face Type

| 계란형 | 긴계란형 | 둥근형 | 역삼각형 |
| 육각형 | 삼각형 | 네모난형 | 직사각형 |

Hair Cut Method -
Technology Manual 166 Page 참고

풀린 듯한 웨이브의 율동과 언더의 스트레이트 흐름이 밸런스를 이루어 독특함을 주는 헤어스타일!

- 80~90년대 유행했던 언더 부분에 스트레이 질감을 주는 헤어스타일로, 현재에도 독특하고 트렌디한 감각을 느끼게 합니다.
- 레이어드로 충지는 롱 헤어스타일을 만들고 끝부분이 가늘어지고 가볍도록 슬라이딩 키트로 섬세한 헤어스타일 표정을 연출합니다.
- 중간 롤로 끝부분을 빼고 와인딩을 하여 웨이브 파마를 해 줍니다.
- 헤어 드라이기로 뿌리부터 말리면서 70%를 말린 후, 글로스 왁스를 고르게 바르고 스크런치 드라이 기법으로 부풀리듯 드라이하고 털어서 자연스러운 컬의 움직임을 연출합니다.

Woman Long Hair Style Design

L-2021-086-1

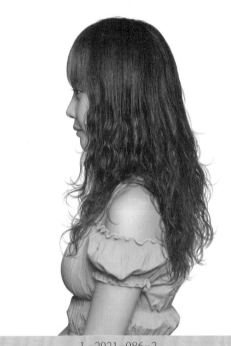

L-2021-086-2

L-2021-086-3

Face Type			
계란형	긴계란형	둥근형	역삼각형
육각형	삼각형	네모난형	직사각형

Hair Cut Method-
Technology Manual 166 Page 참고

스트레이트 질감과 풍성한 웨이브 컬이 어울어져 발랄함과 사랑스러움을 주는 로맨틱 헤어스타일!

• 탄력 있으면서 풍성하고 자유롭게 움직이는 웨이브 컬이 사랑스럽과 큐트 감각을 느끼게 하는 헤어스타일입니다.
• 언더에서 하이 그러데이션을 커트하고 톱 쪽으로 레이어드를 넣고 모발 길이 끝부분에서 숱을 쳐서 가벼운 흐름을 연출합니다.
• 중간 롤로 모발 길이 중간까지 와인딩하여 웨이브 파마를 해 줍니다.
• 헤어 드라이기로 뿌리부터 말리면서 70%를 말린 후, 글로스 왁스를 고르게 바르고 스크런치 드라이 기법으로 부풀리듯 드라이하고 털어서 자연스러운 컬의 움직임을 연출합니다.

Woman Long Hair Style Design

L-2021-087-1

L-2021-087-2

L-2021-087-3

Face Type			
계란형	긴계란형	둥근형	역삼각형
육각형	삼각형	네모난형	직사각형

Hair Cut Method–
Technology Manual 211 Page 참고

차분하게 안말음 되는 컬의 흐름이 단정한 아름다움을 주는 헤어스타일!

- 부드럽고 차분한 흐름의 스트레이트가 언더에서 안말음 되고 페이스 라인 사이드에서 바람에 날리듯 율동감이 사랑스럽고 세련된 이미지를 주는 헤어스타일입니다.
- 언더에서 미디엄 그러데이션을 커트하고 톱 쪽으로 레이어드를 넣어서 부드러운 층을 연결하고 틴닝으로 모발 길이 중간, 끝부분에서 가벼운 질감을 만듭니다.
- 굵은 롤로 1.3~1.6컬의 웨이브 파마를 해 줍니다.
- 헤어 드라이기로 뿌리부터 말리면서 70%를 말린 후, 글로스 왁스를 고르게 바르고 스크런치 드라이 기법으로 드라이하고 손가락으로 훑어 주듯 손가락 빗질하고 방향을 잡아 주어 자연스러운 컬의 움직임을 연출합니다.

Woman Long Hair Style Design

L-2021-088-1   L-2021-088-2   L-2021-088-3

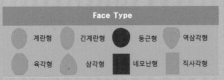

Hair Cut Method-
Technology Manual 166 Page 참고

탄력 있고 풍성한 컬의 율동감이 발랄하고 사랑스러운 섹시감의 로맨틱 헤어스타일!

- 탄력 있는 롱 헤어의 웨이브 헤어스타일은 언제나 사랑스럽고 로맨틱한 감성을 주는 헤어스타일입니다.
- 언더에서 하이그라데이션으로 커트하고 톱 쪽으로 레이어드를 넣어서 부드러운 층을 연결하고 모발 길이 중간, 끝부분에서 틴닝으로 가늘어지고 가벼운 질감을 연출합니다.
- 중간 롤로 전체를 와인딩하여 웨이브 파마를 해 줍니다.
- 헤어 드라이기로 뿌리부터 말리면서 70%를 말린 후, 글로스 왁스를 고르게 바르고 스크런치 드라이 기법으로 부풀리듯 드라이하고 털어서 자연스러운 컬의 움직임을 연출합니다.

Woman Long Hair Style Design

L-2021-089-1

L-2021-089-2

L-2021-089-3

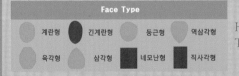

Face Type

| 계란형 | 긴계란형 | 둥근형 | 역삼각형 |
| 육각형 | 삼각형 | 네모난형 | 직사각형 |

Hair Cut Method-
Technology Manual 166 Page 참고

바람에 흩날리듯 곡선의 실루엣이 우아하고 사랑스런 엘레강스 감각의 헤어스타일!

- 시원스럽게 이마를 드러내고 풍성하게 올려 빗은 곡선의 실루엣으로 안말음 되는 모류가 지적이고 사랑스러운 헤어스타일입니다.
- 언더에서 미디엄 그러데이션으로 커트하고 톱 쪽으로 레이어드를 넣어서 부드러운 실루엣을 연출합니다.
- 프런트와 사이드에서 길이를 조절하여 층을 주고 슬라이딩 기법으로 가늘어지고 가벼운 페이스 라인의 표정을 연출합니다.
- 굵은 롤로 1~1.5컬의 파마를 해 줍니다.
- 헤어 드라이기로 뿌리부터 말리면서 70%를 말린 후, 글로스 왁스를 고르게 바르고 스크런치 드라이 기법으로 드라이하고 손가락으로 훑어 주듯 손가락 빗질하고 방향을 잡아 주어 자연스러운 컬의 움직임을 연출합니다.

Woman Long Hair Style Design

L-2021-090-1

L-2021-090-2

L-2021-090-3

Face Type

계란형	긴계란형	둥근형	역삼각형
육각형	삼각형	네모난형	직사각형

Hair Cut Method-
Technology Manual 146 Page 참고

두둥실 보송보송 춤을 추는 율동감의 물결 웨이브가 아름답고 사랑스러운 에어리 헤어스타일!

- 언더에서 풍성하고 부드러운 컬의 움직임은 턱선과 목선을 부드럽게 하고 얼굴을 작아 보이게 하는 헤어스타일입니다.
- 언더에서 미디엄 그러데이션으로 커트하고 톱 쪽으로 레이어드를 넣어서 부드러운 형태를 만들고 모발 길이 중간, 끝부분에서 틴닝으로 모발량과 무게감을 조절합니다.
- 굵은 롤로 1.3~1.6컬의 웨이브 파마를 해 줍니다.
- 헤어 드라이기로 뿌리부터 말리면서 70%를 말린 후, 글로스 왁스를 고르게 바르고 스크런치 드라이 기법으로 드라이하고 손가락으로 훑어 주듯 손가락 빗질하고 방향을 잡아 주어 자연스러운 컬의 움직임을 연출합니다.

Woman Long Hair Style Design

L-2021-091-1

L-2021-091-2

L-2021-091-3

Face Type				
계란형	긴계란형	둥근형	역삼각형	
육각형	삼각형	네모난형	직사각형	

Hair Cut Method-
Technology Manual 166 Page 참고

평범한 헤어스타일은 싫다. 나만의 개성을 추구하고 싶은 나만의 창조적인 헤어스타일!

• 탄력 있고 풀린 듯 컬의 흐름과 부분 위빙되는 스트레이트 모발 가닥이 독특함과 창조적인 개성을 표출하는 아방가르드 감각의 헤어스타일입니다.

• 레이어드로 베이스를 층지게 커트하고 슬라이딩 커트를 하여 가늘어지고 가벼운 질감을 연출합니다.

• 중간 롤로 전체를 와인딩하면서 중간중간 위빙으로 스트레이트 모발 가닥을 빼고 파마를 해 줍니다.

• 헤어 드라이기로 뿌리부터 말리면서 70%를 말린 후, 글로스 왁스를 고르게 바르고 스크런치 드라이 기법으로 부풀리듯 드라이하고 털어서 자연스러운 컬의 움직임을 연출합니다.

Woman Long Hair Style Design

L-2021-092-1

L-2021-092-2

L-2021-092-3

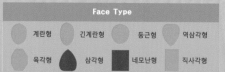

Face Type			
계란형	긴계란형	둥근형	역삼각형
육각형	삼각형	네모난형	직사각형

Hair Cut Method-
Technology Manual 211 Page 참고

부드러운 곡선의 모류… 곡선의 실루엣이 세련되고 스위트함을 주는 러블리 헤어스타일!

• 부드럽고 차분한 스트레이트 헤어에 춤을 추듯 곡선의 모류가 사랑스럽게 느껴지는 아름다운 헤어스타일입니다.

• 베이스를 레이어드로 형태를 만들고 페이스 라인은 턱선보다 긴 길이로 층지게 커트하고 틴닝과 슬라이딩 커트 기법으로 가늘어지고 부드러운 모발 흐름을 연출합니다.

• 원컬의 스트레이트 파마를 해 줍니다.

• 헤어 드라이기로 뿌리부터 말리면서 80%를 말린 후, 롤 브러시나 아이롱으로 연출한 후 글로스 왁스를 고르게 바르고 빗질하여 스타일링을 합니다.

Woman Long Hair Style Design

L-2021-093-1

L-2021-093-2

L-2021-093-3

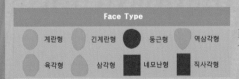

Face Type			
계란형	긴계란형	둥근형	역삼각형
육각형	삼각형	네모난형	직사각형

Hair Cut Method-
Technology Manual 211 Page 참고

탄력 있는 컬이 풀린 듯 자연스럽고 사랑스러운 큐트 감각의 헤어스타일!

- 춤을 추듯 탄력 있는 웨이브 흐름이 느슨해지고 러프하게 율동하는 모류가 로맨틱하고 사랑스러운 헤어스타일입니다.
- 언더에서 하이 그러데이션으로 커트하고 톱 쪽으로 레이어드를 넣어 주고 틴닝으로 모발 길이 중간, 끝부분에서 숱을 쳐서 가볍과 부드러운 질감을 연출합니다.
- 중간 롤로 전체 웨이브 파마를 해 줍니다.
- 헤어 드라이기로 뿌리부터 말리면서 70%를 말린 후, 글로스 왁스를 고르게 바르고 스크런치 드라이 기법으로 부풀리듯 드라이하고 털어서 자연스러운 컬의 움직임을 연출합니다.

Woman Long Hair Style Design

L-2021-094-1

L-2021-094-2

L-2021-094-3

Face Type

| 계란형 | 긴계란형 | 둥근형 | 역삼각형 |
| 육각형 | 삼각형 | 네모난형 | 직사각형 |

Hair Cut Method-
Technology Manual 166 Page 참고

풍성하고 자유롭게 율동하는 컬이 섹시감과 사랑스러움을 느끼게 하는 러블리 헤어스타일!

- 풍성한 컬의 흐름이 자유롭게 율동하는 롱 헤어스타일은 환상적인 매력을 느끼게 하는 스타일입니다.
- 언더에서 하이 그러데이션으로 커트를 하고 톱 쪽으로 레이어드를 넣어서 부드러운 층을 만들고 모발 길이 중간, 끝부분에서 틴닝으로 가볍고 부드러운 텍스처를 연출합니다.
- 굵은 롤로 전체 웨이브 파마를 합니다.
- 헤어 드라이기로 뿌리부터 말리면서 70%를 말린 후, 글로스 왁스를 고르게 바르고 스크런치 드라이 기법으로 부풀리듯 드라이하고 털어서 자연스러운 컬의 움직임을 연출합니다.

Woman Long Hair Style Design

L-2021-095-1

L-2021-095-2

L-2021-095-3

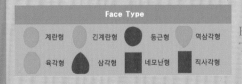

Face Type

| 계란형 | 긴계란형 | 둥근형 | 역삼각형 |
| 육각형 | 삼각형 | 네모난형 | 직사각형 |

Hair Cut Method-
Technology Manual 146 Page 참고

윤기를 머금은 듯 풍성한 컬의 율동감이 우아한 아름다움을 느끼게 하는 엘레강스 헤어스타일!

- 언더에서 탄력 있는 풍성한 컬의 흐름을 주면 여성스럽고 우아한 이미지를 느끼게 하는 헤어스타일입니다.
- 언더에서 미디엄 그러데이션으로 커트하고 톱 쪽으로 레이어드를 넣어서 부드러운 실루엣을 연출합니다.
- 틴닝으로 모발 길이 중간, 끝부분에서 숱을 쳐서 가볍고 부드러운 질감을 만듭니다.
- 굵은 롤로 1.5~2컬의 파마를 해 줍니다.
- 헤어 드라이기로 뿌리부터 말리면서 70%를 말린 후, 글로스 왁스를 고르게 바르고 스크런치 드라이 기법으로 드라이하고 손가락으로 훑어주듯 손가락 빗질하고 방향을 잡아 주어 자연스러운 컬의 움직임을 연출합니다.

Woman Long Hair Style Design

L-2021-096-1   L-2021-096-2   L-2021-096-3

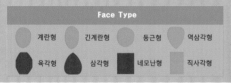

Face Type

계란형   긴계란형   둥근형   역삼각형

육각형   삼각형   네모난형   직사각형

Hair Cut Method-
Technology Manual 211 Page 참고

스트레이트 흐름에 안말음 되는 컬의 움직임이 차분하고 단정한 여성미를 주는 헤어스타일!

• 윤기 있는 스트레이트 흐름에 안말음 되는 컬을 흐름은 턱선과 목선을 부드럽게 하고 얼굴이 작아 보이는 헤어스타일입니다.

• 언더에서 미디엄 그러데이션으로 커트하고 톱 쪽으로 레이어드를 넣어서 부드러운 실루엣을 연출합니다.

• 모발 길이 중간, 끝부분에서 틴닝과 슬라이딩 커트로 가늘어지고 가벼운 질감을 만듭니다.

• 굵은 롤로 1.3~1.6컬의 파마를 합니다.

• 헤어 드라이기로 뿌리부터 말리면서 70%를 말린 후, 글로스 왁스를 고르게 바르고 스크런치 드라이 기법으로 드라이하고 손가락으로 훑어 주듯 손가락 빗질하고
방향을 잡아 주어 자연스러운 컬의 움직임을 연출합니다.

Woman Long Hair Style Design

L-2021-097-1

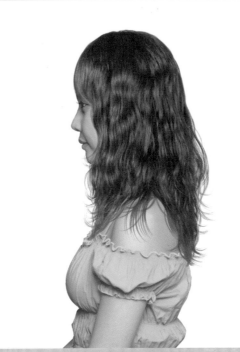

L-2021-097-2

L-2021-097-3

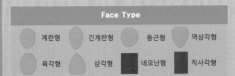

Face Type			
계란형	긴계란형	둥근형	역삼각형
육각형	삼각형	네모난형	직사각형

Hair Cut,Permament Wave Method-
Technology Manual 211 Page 참고

풀린 듯 루스한 컬이 바람에 흩날리는 자유로운 흐름이 발랄하고 달콤한 큐트 감각의 헤어스타일!

- 내추럴하게 풀린 듯 살랑거리는 웨이브 컬이 사랑스럽고 매혹적인 러블리 헤어스타일입니다.
- 레이어드로 베이스를 부드러운 층을 만들고 앞머리는 시스루뱅으로 이마를 가려 주고 사이드에서 층을 주어 얼굴을 감싸는 흐름을 연출합니다.
- 틴닝으로 모발 길이 중간, 끝부분에서 숱을 쳐서 가볍고 부드러운 질감을 표현합니다.
- 굵은 롤로 전체 웨이브 파마를 해 줍니다.
- 헤어 드라이기로 뿌리부터 말리면서 70%를 말린 후, 글로스 왁스를 고르게 바르고 스크런치 드라이 기법으로 부풀리듯 드라이하고 털어서 자연스러운 컬의 움직임을 연출합니다.

Woman Long Hair Style Design

L-2021-098-1

L-2021-098-2

L-2021-098-3

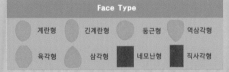

Face Type			
계란형	긴계란형	둥근형	역삼각형
육각형	삼각형	네모난형	직사각형

Hair Cut Method-
Technology Manual 211 Page 참고

윤기 나는 스트레이트 흐름에 부드럽게 안말음 되는 컬의 율동감이 아름다운 헤어스타일!

• 스트레이트 흐름에 언더에서 안말음 되는 웨이브 컬은 차분하고 단정한 여성스러움을 느끼게 하는 헤어스타일입니다.

• 언더에서 미디엄 그러데이션을 커트하고 톱 쪽으로 레이어드를 넣어서 부드러운 실루엣을 만들고,

• 틴닝, 슬라이딩 커트로 모발 길이 중간, 끝부분에서 가늘어지고 가벼운 흐름을 연출합니다.

• 1.5컬의 스트레이트 파마를 하거나, 굵은 롤로 1.5컬의 웨이브 파마를 해 줍니다.

• 헤어 드라이기로 뿌리부터 말리면서 70%를 말린 후, 글로스 왁스를 고르게 바르고 드라이하고 손가락 빗질하여 자연스러운 컬의 움직임을 연출합니다.

Woman Long Hair Style Design

L-2021-099-1   L-2021-099-2   L-2021-099-3

Face Type			
계란형	긴계란형	둥근형	역삼각형
육각형	삼각형	네모난형	직사각형

Hair Cut Method-
Technology Manual 211 Page 참고

차분하고 단정한 아름다움에 지성미를 더해 주는 페미닌 감성의 헤어스타일!

• 윤기를 머금은 듯 찰랑거리는 스트레이트 흐름이 언더에서 안말음 되는 헤어스일은 언제나 사랑받아온 인기 헤어스타일입니다.

• 언더에서 미디엄 그러데이션 커트를 하고 톱 쪽으로 레이어드를 넣어서 부드러운 형태를 만들고 사이드에서 층을 주어 포워드 흐름을 연출합니다.

• 틴닝, 슬라이딩 커트로 가늘어지고 가벼운 스타일의 표정을 연출합니다.

• 1.5컬의 스트레이트 파마를 하거나 굵은 롤로1.5컬의 파마를 해 줍니다.

• 헤어 드라이기로 뿌리부터 말리면서 70%를 말린 후, 글로스 왁스를 고르게 바르고 드라이하고 손가락 빗질하여 자연스러운 컬의 움직임을 연출합니다.

Woman Long Hair Style Design

L-2021-100-1

L-2021-100-2

L-2021-100-3

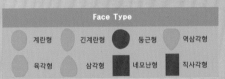

Face Type

| 계란형 | 긴계란형 | 둥근형 | 역삼각형 |
| 육각형 | 삼각형 | 네모난형 | 직사각형 |

Hair Cut Method-
Technology Manual 166 Page 참고

웨이브 컬과 스트레이트 모류가 믹싱되어 독특한 개성을 주는 위빙 헤어스타일!

- 가닥가닥 위빙되고 언더에서 스트레이트의 웨이브 컬이 혼합되는 독특한 개성미를 주는 아방가르드 감각의 헤어스타일입니다.
- 언더에서 하이 그러데이션을 커트하고 톱 쪽으로 레이어드를 넣어서 부드러운 실루엣을 연출합니다.
- 슬라이딩 커트로 끝부분이 가늘어지고 가벼운 텍스처를 표현합니다.
- 중간 말기, 위빙 파마를 하여 색다른 개성을 연출합니다.
- 헤어 드라이기로 뿌리부터 말리면서 70%를 말린 후, 글로스 왁스를 고르게 바르고 스크런치 드라이 기법으로 드라이하고 털어서 자연스러운 컬의 움직임을 연출합니다.

Woman Long Hair Style Design

L-2021-101-1   L-2021-101-2   L-2021-101-3

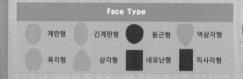

Face Type			
계란형	긴계란형	동근형	역삼각형
육각형	삼각형	네모난형	직사각형

Hair Cut,Permament Wave Method-
Technology Manual 146 Page 참고

보송보송 공기감이 느껴지는 살랑거리는 컬의 흐름이 사랑스러운 에어리 헤어스타일!

- 소프트한 컬이 살랑거리며 율동감을 주어 달콤하고 사랑스러운 러블리 헤어스타일입니다.
- 언더에서 미디엄 그러데이션으로 커트를 하고 톱 쪽으로 레이어드를 연결하여 부드러운 실루엣을 연출합니다.
- 틴닝으로 중간, 끝부분을 숱을 쳐서 부드러운 질감을 만들고 굵은 롤로 전체 웨이브 파마를 합니다.
- 헤어 드라이기로 뿌리부터 말리면서 70%를 말린 후, 글로스 왁스를 고르게 바르고 스크런치 드라이 기법으로 드라이하고 털어서 자연스러운 컬의 움직임을
  연출합니다.

Woman Long Hair Style Design

L-2021-102-1

L-2021-102-2

L-2021-102-3

Face Type			
계란형	긴계란형	동근형	역삼각형
육각형	삼각형	네모난형	직사각형

Hair Cut Method-
Technology Manual 166 Page 참고

윤기를 머금은 듯 찰랑거리며 부드러운 곡선의 모류가 지적인 여성스러움을 주는 헤어스타일!

- 바람에 흩날리듯 찰랑거리며 부드럽게 곡선으로 안말음 되는 모류가 차분하고 여성스러움을 주는 헤어스타일입니다.
- 언더에서 하이 그러데이션으로 커트를 하고 톱 쪽으로 레이어드를 연결하여 부드러운 실루엣을 연출합니다.
- 프런트와 사이드에서 길이를 조절하여 층을 주고 슬라이딩 커트로 가늘어지고 가벼운 흐름을 표현합니다.
- 원컬 스트레이트 파마를 해 줍니다.
- 헤어 드라이기로 뿌리부터 말리면서 80%를 말린 후, 롤 브러시나 아이롱으로 연출한 후 글로스 왁스를 고르게 바르고 빗질하여 스타일링을 합니다.

Woman Long Hair Style Design

L-2021-103-1

L-2021-103-2

L-2021-103-3

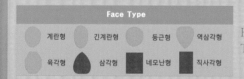

Face Type			
계란형	긴계란형	둥근형	역삼각형
육각형	삼각형	네모난형	직사각형

Hair Cut Method-
Technology Manual 146 Page 참고

두둥실 춤을 추듯 컬의 율동감이 여성스럽고 우아한 아름다움을 주는 헤어스타일!

- 스트레이트 흐름에 언더에서 굵은 컬을 주는 스타일은 손질하기 편하고 단정하고 지적인 여성스러움을 느끼게 하는 헤어스타일입니다.
- 언더에서 미디엄 그러데이션을 커트하고 톱 쪽으로 레이어드를 넣어서 부드러운 실루엣을 연출하고, 앞머리는 턱선보다 길게 하여 사이드로 층지게 연결합니다.
- 슬라이딩 커트로 끝부분을 가늘어지고 가벼운 질감을 표현합니다.
- 굵은 롤로 1.5컬의 웨이브 파마를 해 줍니다.
- 헤어 드라이기로 뿌리부터 말리면서 70%를 말린 후, 글로스 왁스를 고르게 바르고 드라이하고 손가락 빗질하여 자연스러운 컬의 움직임을 연출합니다.

Woman Long Hair Style Design

L-2021-104-1

L-2021-104-2

L-2021-104-3

Face Type			
계란형	긴계란형	둥근형	역삼각형
육각형	삼각형	네모난형	직사각형

Hair Cut Method-
Technology Manual 211 Page 참고

부드러운 곡선의 스트레이트와 두둥실 안말음 되는 컬의 율동이 아름다운 러블리 헤어스타일!

- 스트레이트 흐름에 탄력 있는 안말음 컬은 손질하기 편하고 차분하고 여성스러운 이미지를 주는 스타일이어서 언제나 사랑받아온 인기 헤어스타일입니다.
- 언더에서 미디엄 그러데이션 커트를 하고 톱 쪽으로 레이어드를 연결하여 커트합니다.
- 사이드에서 층지게 커트하고 틴닝과 슬라이딩 커트로 가늘어지고 가벼운 질감의 포워드 흐름을 연출합니다.
- 굵은 롤로 1.5컬의 파마를 해 줍니다.
- 헤어 드라이기로 뿌리부터 말면서 70%를 말린 후, 글로스 왁스를 고르게 바르고 드라이하고 손가락 빗질하여 자연스러운 컬의 움직임을 연출합니다.

Woman Long Hair Style Design

L-2021-105-1   L-2021-105-2   L-2021-105-3

Face Type			
계란형	긴계란형	둥근형	역삼각형
육각형	삼각형	네모난형	직사각형

Hair Cut Method-
Technology Manual 211 Page 참고

부드러운 곡선의 실루엣으로 안말음 되는 모류가 사랑스럽고 세련된 이미지를 주는 헤어스타일!

• 앞머리는 이마를 시원스럽게 드러내고 사이드로 넘어가는 흐름과 언더에서 안말음 되는 컬의 율동감이 세련되고 매혹적인 아름다움을 주는 헤어스타일입니다.

• 언더에서 미디엄 그러데이션을 커트하고 톱 쪽으로 레이어드를 연결하여 베이스를 만들고

• 프런트 사이드에서 턱선보다 긴 길이로 층지게 커트하고 슬라이딩 커트로 끝부분이 가늘어지고 가벼운 포워드 흐름을 연출합니다.

• 굵은 롤로 1.5컬의 웨이브 파마를 해 줍니다.

• 헤어 드라이기로 뿌리부터 말리면서 70%를 말린 후, 글로스 왁스를 고르게 바르고 드라이하고 손가락 빗질하여 자연스러운 컬의 움직임을 연출합니다.

Woman Long Hair Style Design

L-2021-106-1   L-2021-106-2   L-2021-106-3

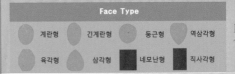

Face Type

계란형   긴계란형   둥근형   역삼각형

육각형   삼각형   네모난형   직사각형

Hair Cut Method-
Technology Manual 166 Page 참고

탄력 있고 풍성한 컬이 독특한 개성을 연출해 주는 나만의 헤어스타일!

- 탄력 있고 풍성한 컬의 롱 헤어스타일은 풀린 듯 루스한 컬과 대비되어 새로운 창조적인 독특한 개성을 연출해 주는 스타일입니다.
- 언더에서 하이 그러데이션을 커트하고 톱 쪽으로 레이어드를 연결하여 가벼운 실루엣을 만들고, 틴닝으로 중간, 끝부분에서 숱을 쳐서 가늘어지고 가벼운 흐름을 연출합니다.
- 중간 롤로 전체를 와인딩하여 탄력 있는 웨이브 컬을 만듭니다.
- 헤어 드라이기로 뿌리부터 말리면서 70%를 말린 후, 글로스 왁스를 고르게 바르고 스크런치 드라이 기법으로 드라이하고 털어서 자연스러운 컬의 움직임을 연출합니다.

Woman Long Hair Style Design

L-2021-107-1

L-2021-107-2

L-2021-107-3

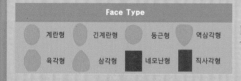

Face Type			
계란형	긴계란형	둥근형	역삼각형
육각형	삼각형	네모난형	직사각형

Hair Cut Method-
Technology Manual 211 Page 참고

춤을 추듯 자유롭게 율동하는 컬의 흐름이 아름답고 달콤함을 주는 러블리 헤어스타일!

- 언더에서 미디엄 그러데이션을 커트하고 톱 쪽으로 레이어드를 연결하여 부드러운 층을 연결합니다.
- 사이드를 층지게 커트하고 틴닝과 슬라이딩 커트로 끝부분이 가늘어지고 가벼운 흐름을 연출합니다.
- 굵은 롤로 1.5컬의 웨이브 파마를 하여 사랑스럽고 발랄한 이미지를 표현해 줍니다.
- 헤어 드라이기로 뿌리부터 말리면서 70%를 말린 후, 글로스 왁스를 고르게 바르고 드라이하고 손가락 빗질하여 자연스러운 컬의 움직임을 연출합니다.

Woman Long Hair Style Design

L-2021-108-1

L-2021-108-2

L-2021-108-3

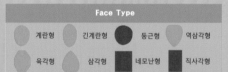

Face Type

| 계란형 | 긴계란형 | 둥근형 | 역삼각형 |
| 육각형 | 삼각형 | 네모난형 | 직사각형 |

Hair Cut Method-
Technology Manual 146 Page 참고

윤기를 머금은 듯 빛나는 스트레이트에 탄력 있고 풍성한 컬이 어울어지는 심쿵 헤어스타일!

• 스트레이트에 언더에서 탄력 있고 풍성한 볼륨을 주는 흐름은 얼굴을 작아 보이게 하고 턱선을 부드럽게 해주는 헤어스타일입니다.

• 언더에서 미디엄 그러데이션을 커트하고 톱 쪽으로 레이어드를 연결하여 부드러운 층을 연결합니다.

• 사이드를 층지게 커트하고 틴닝과 슬라이딩 커트로 끝부분이 가늘어지고 가벼운 흐름을 연출합니다.

• 굵은 롤로 1.3~1.7컬의 웨이브 파마를 해 줍니다.

• 헤어 드라이기로 뿌리부터 말리면서 70%를 말린 후, 글로스 왁스를 고르게 바르고 드라이하고 손가락 빗질하여 자연스러운 컬의 움직임을 연출합니다.

Woman Long Hair Style Design

L-2021-109-1

L-2021-109-2

L-2021-109-3

Face Type			
계란형	긴계란형	둥근형	역삼각형
육각형	삼각형	네모난형	직사각형

Hair Cut Method-
Technology Manual 146 Page 참고

윤기 나는 질감의 스트레이트와 안말음 되는 곡선의 컬이 매혹적인 아름다움을 선사하는 헤어스타일!

- 스트레이트 헤어가 곡선으로 안말음 되는 모류가 차분하고 깨끗하고 청순한 아름다움을 주는 헤어스타일입니다.
- 언더에서 미디엄 그러데이션을 커트하고 톱 쪽으로 레이어드를 연결하여 부드러운 층을 연결합니다.
- 프런트 사이드에서 층지게 커트하고 슬라이딩 커트로 가늘어지고 가벼운 안말음 흐름을 연출합니다.
- 굵은 롤로 원컬의 파마를 하거나 곱슬머리인 경우 원컬 스트레이트 파마를 해 줍니다.
- 헤어 드라이기로 뿌리부터 말리면서 80%를 말린 후, 롤 브러시나 아이롱으로 연출한 후 글로스 왁스를 고르게 바르고 빗질하여 스타일링을 합니다.

Woman Long Hair Style Design

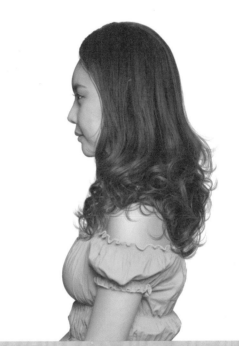

L-2021-110-1   L-2021-110-2   L-2021-110-3

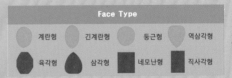

Face Type			
계란형	긴계란형	동근형	역삼각형
육각형	삼각형	네모난형	직사각형

Hair Cut Method-
Technology Manual 146 Page 참고

두둥실 춤을 추는 듯 탄력 있는 컬의 율동감이 사랑스러운 에어리 롱 헤어스타일!

- 부드러운 스트레이트 흐름에 모션에서 탄력 있는 컬이 믹싱되어 손질하기 편하고 사랑스러움을 주는 로맨틱 헤어스타일입니다.
- 언더에서 그러데이션을 커트하고 톱 쪽으로 레이어드를 연결하고, 틴닝으로 끝부분을 가늘어지고 가벼운 흐름을 연출합니다.
- 굵은 롤로 1.5컬의 웨이브 파마를 해 줍니다.
- 헤어 드라이기로 뿌리부터 말리면서 70%를 말린 후, 글로스 왁스를 고르게 바르고 드라이하고 손가락 빗질하여 자연스러운 컬의 움직임을 연출합니다.

Woman Long Hair Style Design

L-2021-111-1

L-2021-111-2

L-2021-111-3

Face Type			
계란형	긴계란형	둥근형	역삼각형
육각형	삼각형	네모난형	직사각형

Hair Cut Method-
Technology Manual 211 Page 참고

나만의 느낌을 표출하고픈 개성 있는 여성들의 소망! 에어리 컬의 심쿵 헤어스타일!

• 부드럽고 탄력 있는 웨이브 컬이 살랑거리는 느낌이 매혹적이고 스위트함을 주는 러블리 헤어스타일입니다.

• 언더에서 그러데이션 커트를 하고 톱 쪽으로 레이어드를 연결하여 커트를 하고 모발 길이 중간, 끝부분에서 틴닝으로 가늘어지고 가벼운 질감을 연출합니다.

• 중간 롤로 전체를 와인딩하여 탄력 있는 웨이브를 연출해 줍니다.

• 헤어 드라이기로 뿌리부터 말리면서 70%를 말린 후, 글로스 왁스를 고르게 바르고 스크런치 드라이 기법으로 드라이하고 털어서 자연스러운 컬의 움직임을 연출합니다.

Woman Long Hair Style Design

L-2021-112-1

L-2021-112-2

L-2021-112-3

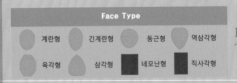

Face Type			
계란형	긴계란형	동근형	역삼각형
육각형	삼각형	네모난형	직사각형

Hair Cut Method-
Technology Manual 166 Page 참고

부드러운 실루엣과 춤을 추듯 율동감을 주는 컬의 흐름이 달콤하고 여성스러운 큐트 헤어스타일!

• 부드러운 형태의 실루엣과 부드러운 컬의 흐름이 발랄하고 스위트함을 주는 아름다운 헤어스타일입니다.
• 언더에서 하이 그러데이션을 커트하고 톱 쪽으로 레이어드를 넣어서 부드러운 실루엣을 연출하고 사이드를 층지게 커트하여 안말음 흐름을 만듭니다.
• 슬라이딩 커트로 가늘어지고 가벼운 질감을 표현합니다.
• 굵은 롤로 원컬의 웨이브 파마를 해 줍니다.
• 헤어 드라이기로 뿌리부터 말리면서 70%를 말린 후, 글로스 왁스를 고르게 바르고 드라이하고 손가락 빗질하여 자연스러운 컬의 움직임을 연출합니다.

Woman Long Hair Style Design

L-2021-113-1

L-2021-113-2

L-2021-113-3

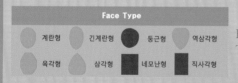

Face Type

계란형	긴계란형	동근형	역삼각형
육각형	삼각형	네모난형	직사각형

Hair Cut Method-
Technology Manual 146 Page 참고

탄력 있는 컬이 부풀린 듯 풍성한 웨이브 컬이 강렬한 캐릭터가 반영된 어드벤스 헤어스타일!

• 탄력 있는 웨이브 컬을 스크런칭 드라이 기법으로 부풀려서 풍성한 컬의 율동을 연출한 스타일로 일반적으로 집에서도 손질이 쉬워서 누구나 할 수 있는 스타일링
기법입니다.

• 언더에서 미디엄 그러데이션으로 커트하고 톱 쪽으로 레이어드를 넣어서 부드러운 층을 만들고 틴닝과 슬라이딩 기법으로 끝부분이 대담하고 가늘어지는 흐름을
연출하고, 굵은 롤로 전체를 와인딩하여 파마를 합니다.

• 헤어 드라이기로 뿌리부터 말리면서 70%를 말린 후, 글로스 왁스를 고르게 바르고 스크런치 드라이 기법으로 드라이하고 털어서 자연스러운 컬의 움직임을
연출합니다.

Woman Long Hair Style Design

L-2021-114-1   L-2021-114-2   L-2021-114-3

Face Type			
계란형	긴계란형	둥근형	역삼각형
육각형	삼각형	네모난형	직사각형

Hair Cut Method-
Technology Manual 204 Page 참고

풀린 듯한 내추럴 컬과 스트레이트 모발 가닥이 어울어져 독특한 개성을 주는 헤어스타일!

• 풀린 듯 루스한 컬과 가닥가닥 생머리가 어울어져 자유롭게 움직임의 율동감이 느껴져서 독특한 개성미를 연출하는 헤어스타일입니다.

• 언더에서 미디엄 그러데이션으로 커트하고 톱 쪽으로 레이어드를 연결하여 부드러운 실루엣을 연출하고 슬라이딩 커트로 끝부분이 대담하게 가늘어지고 가벼운 질감을 표현합니다.

• 굵은 롤로 와인딩을 하고 생머리를 가닥가닥 남기는 위빙 파마를 합니다.

• 헤어 드라이기로 뿌리부터 말리면서 70%를 말린 후, 글로스 왁스를 고르게 바르고 스크런치 드라이 기법으로 드라이하고 털어서 자연스러운 컬의 움직임을 연출합니다.

Woman Long Hair Style Design

L-2021-115-1

L-2021-115-2

L-2021-115-3

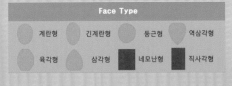

Face Type			
계란형	긴계란형	둥근형	역삼각형
육각형	삼각형	네모난형	직사각형

Hair Cut Method-
Technology Manual 146 Page 참고

춤을 꾸듯 출렁거리는 웨이브의 율동감이 우아하고 세련된 이미지의 엘레강스 헤어스타일입니다!

• 앞머리를 볼륨을 만들어서 올려 빗고 사이드로 곡선의 흐름으로 빗어 내린 흐름과 언더에서 보송보송 풍성한 컬이 하모니를 이루어 우아하고 고상한 이미지를 주는 헤어스타일입니다.

• 언더에서 미디엄 그러데이션을 커트하고 톱 쪽으로 레이어드를 연결하여 부드러운 실루엣을 연출하고,

• 프런트와 사이드를 길이를 조절하여 층지게 커트하고 틴닝과 슬라이딩 커트로 가벼운 흐름을 표현합니다.

• 앞머리와 언더에 굵은 롤로 1.5컬의 웨이브 파마를 합니다.

• 헤어 드라이기로 뿌리부터 말리면서 70%를 말린 후, 글로스 왁스를 고르게 바르고 드라이하고 손가락 빗질하여 자연스러운 컬의 움직임을 연출합니다.

Woman Long Hair Style Design

L-2021-116-1

L-2021-116-2

L-2021-116-3

Face Type			
계란형	긴계란형	둥근형	역삼각형
육각형	삼각형	네모난형	직사각형

Hair Cut Method-
Technology Manual 204 Page 참고

윤기 나고 찰랑거리는 질감을 즐기고 싶다면 스트레이트 헤어스타일로 대변신!

- 웨이브 헤어스타일은 달콤하고 섹시한 여성미를 느끼게 하지만, 한편으로 윤기 있고 찰랑거리는 스트레이트의 헤어스타일 변신은 새고운 이미지를 선사합니다.
- 언더에서 미디엄 그러데이션을 커트하고 톱 쪽으로 레이어드를 연결하여 커트하고 틴닝으로 모발 길이 중간, 끝부분에서 가벼운 흐름을 연출합니다.
- 곱슬머리는 세밀하게 스트레이트 파마를 하여 찰랑찰랑한 질감을 연출합니다.
- 헤어 드라이기로 뿌리부터 말리면서 80%를 말린 후, 롤 브러시나 아이롱으로 연출한 후 글로스 왁스를 고르게 바르고 빗질하여 스타일링을 합니다.

Woman Long Hair Style Design

L-2021-117-1

L-2021-117-2

L-2021-117-3

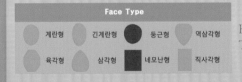

Face Type

계란형	긴계란형	동근형	역삼각형
육각형	삼각형	네모난형	직사각형

Hair Cut Method-
Technology Manual 166 Page 참고

루스하고 자유롭게 풀린 듯한 웨이브 컬이 매력적이고 사랑스러운 로맨틱 헤어스타일!

- 풀린 듯 자유롭게 율동감을 주는 웨이브 파마는 자연스럽고 감미로운 느낌을 주는 헤어스타일입니다.
- 언더에서 미디엄 그러데이션을 커트하고 톱 쪽으로 레이어드를 연결하여 커트하고 틴닝으로 모발 길이 중간, 끝부분에서 가벼운 흐름을 연출합니다.
- 굵은 롤로 전체 웨이브 파마를 해 줍니다.
- 헤어 드라이기로 뿌리부터 말리면서 70%를 말린 후, 글로스 왁스를 고르게 바르고 스크런치 드라이 기법으로 드라이하고 털어서 자연스러운 컬의 움직임을 연출합니다.

Woman Long Hair Style Design

L-2021-118-1

L-2021-118-2

L-2021-118-3

Face Type			
계란형	긴계란형	둥근형	역삼각형
육각형	삼각형	네모난형	직사각형

Hair Cut Method-
Technology Manual 166 Page 참고

차분하고 깨끗한 찰랑거리는 스트레이트 질감이 청순하고 순수한 이미지를 주는 헤어스타일!

- 윤기를 머금은 듯 찰랑거리는 스트레이트 모류가 얼굴을 감싸는 듯 포워드로 안말음 되는 스타일은 턱선을 부드럽게 하고 얼굴을 작아보이게 하는 특징이 있습니다.
- 언더에서 하이 그러데이션을 커트하고 톱 쪽으로 레이어드를 연결하고, 사이드를 층을 만들고, 슬라이딩 기법으로 가늘어지고 가벼운 흐름을 연출합니다.
- 들뜨지 않게 차분한 질감의 원컬 스트레이트 파마를 해 줍니다.
- 헤어 드라이기로 뿌리부터 말리면서 80%를 말린 후, 롤 브러시나 아이롱으로 연출한 후 글로스 왁스를 고르게 바르고 빗질하여 스타일링을 합니다.

Woman Long Hair Style Design

L-2021-119-1

L-2021-119-2

L-2021-119-3

Face Type			
계란형	긴계란형	둥근형	역삼각형
육각형	삼각형	네모난형	직사각형

Hair Cut Method-
Technology Manual 211 Page 참고

차분하고 청순한 아름다움이 느껴지는 소녀 감성의 헤어스타일!

• 투명감의 윤기를 머금은 듯 찰랑거리며 안말음 되는 헤어스타일은 거의 모든 여성들의 소망입니다.

• 턱을 감싸는 듯 안말음의 흐름은 턱선을 부드럽게 하고 얼굴을 작아 보이게 합니다.

• 언더에서 미디엄 그러데이션으로 커트하고 톱 쪽으로 레이어드를 넣고, 모발 길이 중간, 끝부분에서 부드럽고 가벼운 흐름을 연출하여 들뜨지 않고 차분한 질감을 표현합니다.

• 굵은 롤로 1.5컬의 웨이브 펌을 하거나, 곱슬머리일 경우 원컬 스트레이트 파마를 해 줍니다.

• 헤어 드라이기로 뿌리부터 말리면서 80%를 말린 후, 롤 브러시나 아이롱으로 연출한 후 글로스 왁스를 고르게 바르고 빗질하여 스타일링을 합니다.

Woman Long Hair Style Design

L-2021-120-1

L-2021-120-2

L-2021-120-3

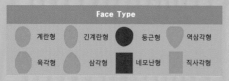

Face Type

계란형	긴계란형	둥근형	역삼각형
육각형	삼각형	네모난형	직사각형

Hair Cut Method-
Technology Manual 211 Page 참고

잠자다 일어난 듯 풀려 보이고 자유롭게 움직이는 루스한 컬이 사랑스러운 심쿵 헤어스타일!

- 풀린 듯한 루스한 컬의 흐름은 자연스럽고 미묘한 매력이 느껴지는 아름다운 심쿵 헤어스타일입니다.
- 언더에서 미디엄 그러데이션으로 커트하고 톱 쪽으로 레이어드를 넣고,
- 모발 길이 중간, 끝부분에서 부드럽고 가벼운 흐름을 연출하여 들뜨지 않고 차분한 질감을 표현합니다.
- 굵은 롤로 전체를 와인딩하는 웨이브 파마를 합니다.
- 헤어 드라이기로 뿌리부터 말리면서 70%를 말린 후, 글로스 왁스를 고르게 바르고 스크런치 드라이 기법으로 드라이하고 털어서 자연스러운 컬의 움직임을 연출합니다.

Woman Long Hair Style Design

L-2021-121-1

L-2021-121-2

L-2021-121-3

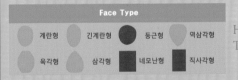

Face Type

계란형	긴계란형	● 둥근형	역삼각형
육각형	삼각형	■ 네모난형	■ 직사각형

Hair Cut Method-
Technology Manual 166 Page 참고

자연스러운 컬의 흐름이 우아하고 고상한 아름다움을 주는 엘레강스 감성의 헤어스타일!

- 약간 곱슬의 머릿결처럼 루스한 곡선의 흐름에 언더에서 출렁거리는 컬과 믹싱되어 환상적이고 지적인 여성스러운 감성을 느끼게 하는 헤어스타일입니다.
- 언더에서 미디엄 그러데이션으로 커트하고 톱 쪽으로 레이어드를 넣고, 모발 길이 중간, 끝부분에서 부드럽고 가벼운 흐름을 연출하여 들뜨지 않고 차분한 질감을 표현합니다.
- 굵은 롤로 1.5컬의 웨이브 파마를 해 줍니다.
- 헤어 드라이기로 뿌리부터 말리면서 70%를 말린 후, 글로스 왁스를 고르게 바르고 스크런치 드라이 기법으로 드라이하고 털어서 자연스러운 컬의 움직임을 연출합니다.

Woman Long Hair Style Design

L-2021-122-1   L-2021-122-2   L-2021-122-3

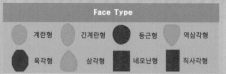

Face Type			
계란형	긴계란형	둥근형	역삼각형
육각형	삼각형	네모난형	직사각형

Hair Cut Method-
Technology Manual 146 Page 참고

춤을 추듯 율동감을 느끼게 하는 웨이브 컬이 사랑스럽고 매력적인 러블리 헤어스타일!

- 언더에서 그러데이션을 커트하고 톱 쪽으로 레이어드를 연결하여 부드러운 형태를 만듭니다.
- 모발 길이 중간, 끝부분에서 틴닝으로 가벼운 흐름을 만들어 줍니다.
- 굵은 롤로 1.5~2컬의 웨이브 파마를 해 주어 손질하기 편하고 사랑스런 러블리 헤어스타일을 연출해 줍니다.
- 헤어 드라이기로 뿌리부터 말리면서 70%를 말린 후, 글로스 왁스를 고르게 바르고 스크런치 드라이 기법으로 드라이하고 손가락 빗질하여 자연스러운 컬의 움직임을 연출합니다.

Woman Long Hair Style Design

L-2021-123-1

L-2021-123-2

L-2021-123-3

Face Type			
계란형	긴계란형	둥근형	역삼각형
육각형	삼각형	네모난형	직사각형

Hair Cut Method-
Technology Manual 146 Page 참고

손질하지 않은 듯 자연스럽게 출렁이는 물결 웨이브가 멋스럽고 매력적인 헤어스타일!

• 손질하지 않는 듯 루스한 물결 웨이브 헤어스타일은 부드럽고 여성스러운 느낌을 줍니다.

• 언더에서 그러데이션을 커트하고 톱 쪽으로 레이어드를 넣어서 부드러운 실루엣을 연출합니다.

• 끝부분을 틴닝으로 숱을 쳐서 가벼운 질감을 만들고 굵은 롤로 전체 웨이브 파마를 해 줍니다.

• 헤어 드라이기로 뿌리부터 말리면서 70%를 말린 후, 글로스 왁스를 고르게 바르고 스크런치 드라이 기법으로 드라이하고 털어서 자연스러운 컬의 움직임을 연출합니다.

Woman Long Hair Style Design

L-2021-124-1

L-2021-124-2

L-2021-124-3

Face Type

계란형	긴계란형	둥근형	역삼각형
육각형	삼각형	네모난형	직사각형

Hair Cut Method-
Technology Manual 211 Page 참고

빛나는 윤기감과 찰랑거림이 믹싱되어 신비감과 매혹적인 아름다움을 주는 헤어스타일!

- 건강한 머릿결로 찰랑거리고 자유롭게 율동하는 스트레이트 헤어스타일은 깔끔하고 발랄한 이노센트 감성의 헤어스타일입니다.
- 레이어드로 차분하고 들뜨지 않게 섬세하게 층지게 커트하고 프론트와 사이드에서 길이를 조절하여 층을 만들고 슬라이딩 커트로 가늘어지고 가벼운 율동감의 흐름을 연출합니다.
- 곱슬머리는 스트레이트 파마를 합니다.
- 헤어 드라이기로 뿌리부터 말리면서 80%를 말린 후, 롤 브러시나 아이롱으로 연출한 후 글로스 왁스를 고르게 바르고 빗질하여 스타일링을 합니다.

Woman Long Hair Style Design

L-2021-125-1

L-2021-125-2

L-2021-125-3

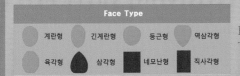

Face Type

| 계란형 | 긴계란형 | 둥근형 | 역삼각형 |
| 육각형 | 삼각형 | 네모난형 | 직사각형 |

Hair Cut Method-
Technology Manual 196 Page 참고

공기를 머금은 듯 보송보송한 웨이브 컬이 로맨틱 향기가 가득한 에어리 헤어스타일!

- 부드러운 곡선의 생머리 흐름과 언더에서 퉁퉁튀는 웨이브 컬이 믹싱되어 발랄하고 깜찍한 이미지를 주는 헤어스타일입니다.
- 언더에서 하이 그러데이션을 커트하고 톱 쪽으로 레이어드를 넣어서 곡선의 부드러운 실루엣을 만듭니다.
- 모발 길이 중간, 끝에서 틴닝으로 가늘어지고 가벼운 흐름을 만들고 굵은 롤로 1.3~1.7컬의 웨이브 파마를 해 줍니다.
- 헤어 드라이기로 뿌리부터 말리면서 70%를 말린 후, 글로스 왁스를 고르게 바르고 스크런치 드라이 기법으로 풍성한 볼륨을 만들고 손가락 빗질하여 자연스러운 컬의 움직임을 연출합니다.

Woman Long Hair Style Design

L-2021-126-1

L-2021-126-2   L-2021-126-3

Face Type			
계란형	긴계란형	둥근형	역삼각형
육각형	삼각형	네모난형	직사각형

Hair Cut Method-
Technology Manual 172 Page 참고

춤을 추듯 율동하는 생머리의 흐름이 신비롭고 달콤한 여성스러운 이미지의 헤어스타일!

• 부드러운 생머리의 모류가 곡선의 실루엣으로 자유롭게 흐르는 느낌이 신선하고 파티처럼 환상적인 이미지를 주는 아름다운 헤어스타일입니다.

• 언더에서 가늘어지고 가벼운 레이어드를 커트하고 톱 쪽으로 하이 그러데이션과 레이어드를 넣어서 곡선의 부드러운 형태를 만듭니다.

• 모발 길이 중간, 끝에서 틴닝으로 가늘어지고 가벼운 흐름을 만들고 원컬 스트레트, 원컬 파마를 해 줍니다.

• 헤어 드라이기로 뿌리부터 말리면서 80%를 말린 후, 롤 브러시나 아이롱으로 연출한 후 글로스 왁스를 고르게 바르고 빗질하여 스타일링을 합니다.

Woman Long Hair Style Design

L-2021-127-1

L-2021-127-2

L-2021-127-3

Face Type			
계란형	긴계란형	둥근형	역삼각형
육각형	삼각형	네모난형	직사각형

Hair Cut Method-
Technology Manual 204 Page 참고

바람결에 휘날리듯 부드럽고 가벼운 스트레이트 모류가 사랑스러운 이노센트 감성의 헤어스타일!

- 찰랑찰랑하고 빛나는 윤기감으로 자유롭게 율동하는 스트레이트 흐름이 맑고 청순하고 발랄한 소녀 감성의 헤어스타일입니다.
- 언더에서 레이어드로 가늘어지고 가벼운 흐름을 만들고 톱 쪽으로 그러데이션과 레이어드를 연결하여 차분하고 부드러운 흐름을 연출하고 틴닝으로 모발 길이 중간, 끝부분에서 가볍게 하고, 슬라이딩 커트로 가늘어지고 가벼운 율동감의 흐름을 연출합니다.
- 곱슬머리는 스트레이트 파마를 합니다.
- 헤어 드라이기로 뿌리부터 말리면서 80%를 말린 후, 롤 브러시나 아이롱으로 연출한 후 글로스 왁스를 고르게 바르고 빗질하여 스타일링을 합니다.

Woman Long Hair Style Design

L-2021-128-1   L-2021-128-2   L-2021-128-3

Face Type

| 계란형 | 긴계란형 | 둥근형 | 역삼각형 |
| 육각형 | 삼각형 | 네모난형 | 직사각형 |

Hair Cut Method-
Technology Manual 146 Page 참고

바람결에 두둥실 춤을 추듯 율동하는 웨이브 컬이 사랑스러운 에어리 헤어스타일!

- 이마를 드러내고 볼륨으로 업시켜 사이드로 내린 흐름과 턱선을 감싸는 안말음 흐름이 밸런스를 이루어 턱선을 부드럽게 하고 우아하고 세련된 여성의 아름다움을 표현한 헤어스타일입니다.
- 언더에서 하이 그러데이션을 커트하고 톱 쪽으로 레이어드를 넣어서 곡선의 부드러운 실루엣을 만듭니다.
- 모발 길이 중간, 끝에서 틴닝으로 가벼운 흐름을 만들고 슬라이딩 커트로 가늘어지고 율동하는 질감을 연출하고, 굵은 롤로 1.3~1.7컬의 웨이브 파마를 해 줍니다.
- 헤어 드라이기로 뿌리부터 말리면서 70%를 말린 후, 글로스 왁스를 고르게 바르고 스크런치 드라이 기법으로 풍성한 볼륨을 만들고 손가락 빗질하여 자연스러운 컬의 움직임을 연출합니다.

Woman Long Hair Style Design

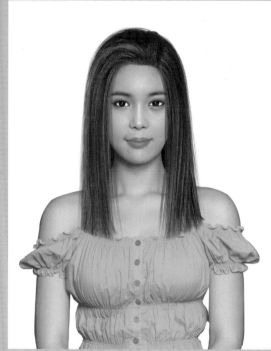

L-2021-129-1

L-2021-129-2

L-2021-129-3

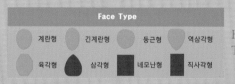

Face Type

계란형	긴계란형	둥근형	역삼각형
육각형	삼각형	네모난형	직사각형

Hair Cut Method-
Technology Manual 074 Page 참고

빛나고 투명감 있는 윤기와 찰랑거리는 직선의 스트레이트가 색다른 감성을 주는 헤어스타일!

- 안말음 없이 직선으로 스트레이트 파마 스타일은 강렬한 캐릭터가 반영된 이미지를 느끼게 하는 헤어스타일입니다.
- 층이 나지 않는 원랭스 커트를 하고 가벼운 율동감의 질감을 만들기 위해 틴닝으로 모발량을 조절하고 슬라이딩 커트로 가늘어지고 가벼운 흐름을 연출합니다.
- 헤어 드라이기로 뿌리부터 말리면서 80%를 말린 후, 평면 아이롱으로 연출한 후 글로스 왁스를 고르게 바르고 빗질하여 스타일링을 합니다.

Woman Long Hair Style Design

L-2021-130-1

L-2021-130-2

L-2021-130-3

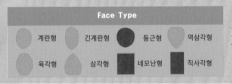

Face Type			
계란형	긴계란형	둥근형	역삼각형
육각형	삼각형	네모난형	직사각형

Hair Cut Method-
Technology Manual 196 Page 참고

곱실거리는 풍성한 웨이브 컬이 규트하고 발랄해 보이는 로맨틱 헤어스타일 !

• 탄력 있으면서 자연스러운 웨이브 헤어스타일은 톡특한 개성을 표현해 주는 헤어스타일입니다.

• 디자인의 변화를 주면 트렌디한 감각을 줍니다.

• 언더에서 하이 그러데이션을 커트하고 톱 쪽으로 레이어드를 넣어서 곡선의 부드러운 실루엣을 연출합니다.

• 모발 길이 중간, 끝에서 틴닝으로 가늘어지고 가벼운 흐름을 만들고 굵은 롤로 전체 웨이브 파마를 해 줍니다.

• 헤어 드라이기로 뿌리부터 말리면서 70%를 말린 후, 글로스 왁스를 고르게 바르고 스크런치 드라이 기법으로 풍성한 볼륨을 만들고 털어서 자연스러운 컬의 움직임을 연출합니다.

Woman Long Hair Style Design

L-2021-131-1

L-2021-131-2

L-2021-131-3

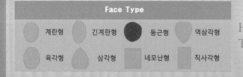

Face Type

| 계란형 | 긴계란형 | 둥근형 | 역삼각형 |
| 육각형 | 삼각형 | 네모난형 | 직사각형 |

Hair Cut Method–
Technology Manual 172 Page 참고

신비롭고 달콤하며 환상적인 뉘앙스가 느껴지는 아름다운 헤어스타일!

- 부드러운 흐름으로 안말음 되는 헤어스타일은 얼굴을 작아 보이게 하고 발랄하고 여성스러운 소녀 감성의 헤어스타일입니다.
- 언더에서 하이 그러데이션을 커트하고 톱 쪽으로 레이어드를 넣어서 곡선의 부드러운 형태를 만듭니다.
- 모발 길이 중간, 끝에서 틴닝으로 가늘어지고 가벼운 흐름을 만들고 굵은 롤로 1.3~1.6컬의 웨이브 파마를 해 줍니다.
- 헤어 드라이기로 뿌리부터 말리면서 70%를 말린 후, 글로스 왁스를 고르게 바르고 스크런치 드라이 기법으로 풍성한 볼륨을 만들고 손가락 빗질하여 자연스러운 컬의 움직임을 연출합니다.

Woman Long Hair Style Design

L-2021-132-1

L-2021-132-2

L-2021-132-3

Face Type

계란형   긴계란형   ● 둥근형   역삼각형

육각형   삼각형   네모난형   직사각형

Hair Cut Method–
Technology Manual 196 Page 참고

윤기를 머금은 듯 반짝거리는 스트레이트의 율동감이 신비로운 이노센트 감각의 헤어스타일!

- 네이프와 사이드 부분에서 가늘어지고 가벼운 인크리스 레이어드로 커트를 하고 톱 쪽으로 하이 그러데이션과 레이어드를 연결하여 부드러운 곡선의 실루엣을 연출합니다.
- 사이드에서 층을 주고 전체를 슬라이딩 커트로 가늘어지고 가벼운 질감을 만들어 턱선을 감싸는 포워드 흐름을 연출합니다.
- 곱슬머리는 원컬 스트레이트 파마를 해 줍니다.
- 헤어 드라이기로 뿌리부터 말리면서 80%를 말린 후, 롤 브러시나 아이롱으로 연출하고 글로스 왁스를 고르게 바르고 빗질하여 스타일링을 합니다.

Woman Long Hair Style Design

L-2021-133-1

L-2021-133-2

L-2021-133-3

Face Type			
계란형	긴계란형	둥근형	역삼각형
육각형	삼각형	네모난형	직사각형

Hair Cut Method-
Technology Manual 196 Page 참고

차분하고 단정하면서도 발랄하고 깜찍한 감성이 느껴지는 큐트 감각의 헤어스타일!

• 둥근 볼륨감의 생머리가 턱선에서 안말음 되고 어깨선을 타고 뻗치는 흐름이 혼합되어 얼굴을 작아 보이게 하고 자유롭고 말괄량이 뉘앙스가 살아있는 헤어스타일입니다.

• 언더에서 가늘어지고 가벼운 인크리스 레이어드로 커트하고 톱 쪽으로 하이 그러데이션과 레이어드를 연결하여 부드러운 곡선의 실루엣을 연출합니다.

• 사이드에서 층을 주고 전체를 슬라이딩 커트로 가늘어지고 가벼운 질감을 만들어 턱선을 감싸는 포워드 흐름 헤어스타일 표정을 연출합니다.

• 곱슬머리는 원컬 스트레이트 파마를 해 줍니다.

• 헤어 드라이기로 뿌리부터 말리면서 80%를 말린 후, 롤 브러시나 아이롱으로 연출하고 글로스 왁스를 고르게 바르고 빗질하여 스타일링을 합니다.

Woman Long Hair Style Design

L-2021-134-1

L-2021-134-2

L-2021-134-3

Face Type			
계란형	긴계란형	둥근형	역삼각형
육각형	삼각형	네모난형	직사각형

Hair Cut Method-
Technology Manual 196 Page 참고

내추럴한 율동감이 여성스럽고 세련된 감각이 느껴지는 심쿵 헤어스타일!

- 얼굴 뒤 방향으로 움직이는 모류가 턱선에서 안말음 되는 율동감이 얼굴을 작아 보이게 하고 여성스러움을 느끼게 하는 헤어스타일입니다.
- 언더에서 레이어드를 커트하고 톱 쪽으로 그러데이션과 레이어드를 넣어서 곡선의 부드러운 실루엣을 연출합니다.
- 모발 길이 중간, 끝에서 틴닝으로 가늘어지고 가벼운 흐름을 만들고 굵은 롤로 1.5~1.8컬의 웨이브 파마를 해 줍니다.
- 헤어 드라이기로 뿌리부터 말리면서 70%를 말린 후, 글로스 왁스를 고르게 바르고 스크런치 드라이 기법으로 풍성한 볼륨을 만들고 손가락 빗질하여 자연스러운 컬의 움직임을 연출합니다.

Woman Long Hair Style Design

L-2021-135-1

L-2021-135-2

L-2021-135-3

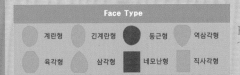

Face Type			
계란형	긴계란형	동근형	역삼각형
육각형	삼각형	네모난형	직사각형

Hair Cut Method-
Technology Manual 166 Page 참고

두둥실 율동하는 웨이브 컬과 스트레이트 흐름이 혼합되어 발랄하고 스위트 감각의 헤어스타일!

- 스트레이트 흐름에 언더에서 춤울 추듯 율동하는 웨이브 컬의 롱 헤어스타일은 언제나 사랑받아온 인기 헤어스타일이며 소망하고 동경의 대상이 되기도 합니다.
- 언더에서 그러데이션을 커트하고 톱 쪽으로 레이어드를 넣어서 곡선의 부드러운 실루엣을 연출합니다.
- 모발 길이 중간, 끝에서 틴닝으로 가늘어지고 가벼운 흐름을 만들고 굵은 롤로 1.5~2컬의 웨이브 파마를 해 줍니다.
- 헤어 드라이기로 뿌리부터 말리면서 70%를 말린 후, 글로스 왁스를 고르게 바르고 스크런치 드라이 기법으로 풍성한 볼륨을 만들고 손가락 빗질하여 자연스러운 컬의 움직임을 연출합니다.

Woman Long Hair Style Design

L-2021-136-1

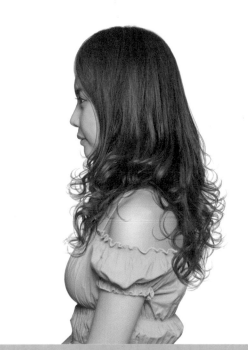

L-2021-136-2

L-2021-136-3

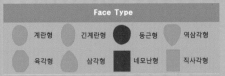

Face Type			
계란형	긴계란형	둥근형	역삼각형
육각형	삼각형	네모난형	직사각형

Hair Cut Method-
Technology Manual 166 Page 참고

거칠은 파도처럼 출렁거리는 웨이브 컬의 율동감이 맑고 청순한 이미지의 헤어스타일!

• 자유롭게 출렁거리는 웨이브 컬이 살아 있는 듯 율동하는 롱 헤어스타일은 환상적인 파티처럼 화려한 분위기에 잠기는 아름다운 헤어스타일입니다.

• 머릿결이 건강하다면 더욱 맑고 청순한 이미지가 강조되는 헤어스타일입니다.

• 언더에서 그러데이션을 커트하고 톱 쪽으로 레이어드를 넣어서 곡선의 부드러운 실루엣을 연출합니다.

• 모발 길이 중간, 끝에서 틴닝으로 가늘어지고 가벼운 흐름을 만들고 굵은 롤로 1.5~2컬의 웨이브 파마를 해 줍니다.

• 헤어 드라이기로 뿌리부터 말리면서 70%를 말린 후, 글로스 왁스를 고르게 바르고 스크런치 드라이 기법으로 풍성한 볼륨을 만들고 손가락 빗질하여 자연스러운 컬의 움직임을 연출합니다.

Woman Long Hair Style Design

L-2021-137-1

L-2021-137-2

L-2021-137-3

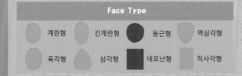

Face Type

| 계란형 | 긴계란형 | 둥근형 | 역삼각형 |
| 육각형 | 삼각형 | 네모난형 | 직사각형 |

Hair Cut Method-
Technology Manual 166 Page 참고

춤을 추듯 율동감의 컬에서 로맨틱 향기가 풍겨나는 사랑스럽고 달콤한 헤어스타일!

- 언더에서 턱선과 목선을 감싸는 흐름으로 흔들거리는 컬의 율동감이 여성스럽고 지적인 이미지를 더해 주는 아름다운 헤어스타일입니다.
- 언더에서 미디엄 그러데이션을 커트하고 톱 쪽으로 레이어드를 넣어서 곡선의 부드러운 형태를 만듭니다.
- 모발 길이 중간, 끝에서 틴닝으로 부드러운 흐름을 만들고 굵은 롤로 1.2~1.7컬의 웨이브 파마를 해 줍니다.
- 헤어 드라이기로 뿌리부터 말리면서 70%를 말린 후, 글로스 왁스를 고르게 바르고 드라이한 후 손가락 빗질하여 자연스러운 컬의 움직임을 연출합니다.

Woman Long Hair Style Design

L-2021-138-1

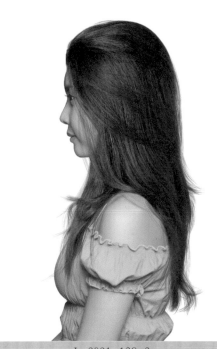

L-2021-138-2

L-2021-138-3

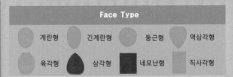

Face Type

계란형	긴계란형	둥근형	역삼각형
육각형	삼각형	네모난형	직사각형

Hair Cut Method-
Technology Manual 166 Page 참고

바닷바람에 흩날리듯 루스한 웨이브 흐름이 멋스럽고 아름다운 페미닌 헤어스타일!

• 거의 풀린 듯 휘날리는 컬의 율동감이 여성스럽고 낭만적인 이미지를 주는 아름다운 헤어스타일입니다.

• 레이어드로 전체를 층지게 커트하고 프런트와 사이드에서 층을 주어 부드러운 실루엣을 연출합니다.

• 슬라이딩 커트로 모션의 라인을 다듬고 끝부분이 대담하게 가늘어지고 가벼운 질감을 표현합니다.

• 굵은 롤로 2컬의 풀린 듯한 웨이브 파마를 해 줍니다.

• 헤어 드라이기로 뿌리부터 말리면서 70%를 말린 후, 글로스 왁스를 고르게 바르고 드라이하고 손가락 빗질하여 자연스러운 컬의 움직임을 연출합니다.

Woman Long Hair Style Design

L-2021-139-1

L-2021-139-2

L-2021-139-3

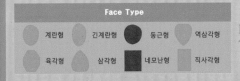

Face Type

계란형	긴계란형	둥근형		역삼각형
육각형	삼각형	네모난형		직사각형

Hair Cut Method-
Technology Manual 166 Page 참고

모선에서 안말음 되는 율동감 보송보송 공기감으로 스위트함을 더해 주는 로맨틱 헤어스타일!

• 스트레이트 흐름에 언더에서 안말음되는 웨이브 파마는 얼굴을 작아 보이게 하고 턱선을 부드럽게 해 주는 손질하기 편한 헤어스타일이서 여성들이 즐겨하는 헤어스타일입니다.

• 언더에서 미디엄 그러데이션을 커트하고 톱 쪽으로 레이어드를 넣어서 곡선의 부드러운 형태를 만듭니다.

• 모발 길이 중간, 끝에서 틴닝으로 부드러운 흐름을 만들고 굵은 롤로 1.2~1.5컬의 웨이브 파마를 해 줍니다.

• 헤어 드라이기로 뿌리부터 말리면서 70%를 말린 후, 글로스 왁스를 고르게 바르고 드라이하고 손가락 빗질하여 자연스러운 컬의 움직임을 연출합니다.

Woman Long Hair Style Design

L-2021-140-1   L-2021-140-2   L-2021-140-3

Face Type

계란형	긴계란형	동근형	역삼각형
육각형	삼각형	네모난형	직사각형

Hair Cut,Permament Wave Method-
Technology Manual 211 Page 참고

조작하지 않은 듯 경쾌하게 움직이는 웨이브의 율동감이 달콤하고 발랄한 헤어스타일!

• 수분을 머금은 듯 촉촉한 웨이브가 바람에 흩날리는 듯 내추럴한 율동감이 사랑스러운 느낌을 주는 로맨틱 헤어스타일입니다.

• 언더에서 하이 그러데이션을 커트하고 톱 쪽으로 레이어드를 넣어서 곡선의 부드러운 형태를 만듭니다.

• 모발 길이 중간, 끝에서 틴닝으로 부드러운 흐름을 만들고 중간 롤로 전체 웨이브 파마를 해 줍니다.

• 헤어 드라이기로 뿌리부터 말리면서 70%를 말린 후, 글로스 왁스를 고르게 바르고 스크런치 드라이 기법으로 드라이하고 털어서 자연스러운 컬의 움직임을 연출합니다.

Woman Long Hair Style Design

L-2021-141-1

L-2021-141-2

L-2021-141-3

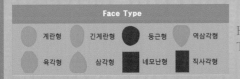

Face Type

계란형	긴계란형	둥근형	역삼각형
육각형	삼각형	네모난형	직사각형

Hair Cut Method-
Technology Manual 211 Page 참고

자연스럽게 살랑거리는 웨이브 컬의 흐름이 섹시함과 큐트함이 믹스된 헤어스타일!

- 춤을 추는 듯 손질하지 않은 듯 율동감의 컬의 흐름이 걸리시한 아름다움을 주는 로맨틱 헤어스타일입니다.
- 언더에서 미디엄 그러데이션을 커트하고 톱 쪽으로 레이어드를 넣어서 곡선의 부드러운 형태를 만듭니다.
- 모발 길이 중간, 끝에서 틴닝으로 부드러운 흐름을 만들고 굵은 롤로 1.5~2컬의 웨이브 파마를 해 줍니다.
- 헤어 드라이기로 뿌리부터 말리면서 70%를 말린 후, 글로스 왁스를 고르게 바르고 드라이하고 털어주고 손가락 빗질하여 자연스러운 컬의 움직임을 연출합니다.

Woman Long Hair Style Design

L-2021-142-1

L-2021-142-2

L-2021-142-3

Face Type				
계란형	긴계란형	동근형	역삼각형	
육각형	삼각형	네모난형	직사각형	

Hair Cut Method-
Technology Manual 196 Page 참고

반짝거리는 윤기감과 스트레이트 질감이 곡선의 흐름으로 멋스러움을 주는 헤어스타일!

- 헤어스타일 형태가 곡선의 실루엣으로 찰랑거리고 윤기 나는 스트레이트 헤어스타일은 발랄하고 경쾌한 소녀 감성을 느끼게 하는 헤어스타일입니다.
- 언더에서 레이어드를 커트하고 톱 쪽으로 그러데이션, 레이어드의 콤비네이션 커트를 하여 곡선의 실루엣을 연출합니다.
- 모발 길이 중간, 끝부분을 틴닝과 슬라이딩 커드로 가늘어지고 가벼운 흐름을 연출합니다.
- 곱슬머리는 스트레이트 파마를 해 줍니다.
- 헤어 드라이기로 뿌리부터 말리면서 80%를 말린 후, 롤 브러시나 아이롱으로 연출하고 글로스 왁스를 고르게 바르고 빗질하여 스타일링을 합니다.

Woman Long Hair Style Design

L-2021-143-1

L-2021-143-2

L-2021-143-3

Face Type			
계란형	긴계란형	둥근형	역삼각형
육각형	삼각형	네모난형	직사각형

Hair Cut Method-
Technology Manual 146 Page 참고

바람에 휘날리는 듯 자유롭게 조작하지 않는 느낌으로 율동하는 컬이 큐트함을 주는 헤어스타일!

- 손질하지 않은 듯, 잠자다 일어나는 듯, 자유롭게 움직이는 웨이브 컬이 섹시함과 큐트함이 더해져서 감미로움을 주는 헤어스타일입니다.
- 언더에서 미디엄 그러데이션을 커트하고 톱 쪽으로 레이어드를 넣어서 곡선의 부드러운 형태를 만듭니다.
- 모발 길이 중간, 끝에서 틴닝으로 부드러운 흐름을 만들고 굵은 롤로 1.5~2컬의 웨이브 파마를 해 줍니다.
- 헤어 드라이기로 뿌리부터 말리면서 70%를 말린 후 글로스 왁스를 고르게 바르고 드라이하고 털어주고, 손가락 빗질하여 자연스러운 컬의 움직임을 연출합니다.

Woman Long Hair Style Design

L-2021-144-1   L-2021-144-2   L-2021-144-3

Face Type			
계란형	긴계란형	둥근형	역삼각형
육각형	삼각형	네모난형	직사각형

Hair Cut Method-
Technology Manual 172 Page 참고

반짝이는 윤기감과 찰랑찰랑한 질감을 즐기고 싶다면 스트레이트 롱 헤어스타일로 변신!

- 아주 긴 길이의 스트레이트 헤어스타일은 신비롭고 환상적인 여성스러운 이미지를 주는 헤어스타일이어서 언제나 여성들의 동경의 대상이며 오래도록 사랑받아온 노스탤지어 감성의 헤어스타일입니다.
- 특히 건강한 머릿결이라면 찰랑찰랑하고 윤기감을 주어 더욱 아름다운 헤어스타일입니다.
- 롱 헤어의 스트레이트는 들뜨지 않고 차분한 흐름이 되도록 레이어드를 섬세하게 커트하여 부드러운 층을 만드는 것이 핵심 포인트입니다.
- 곱슬머리라면 스트레이트 파마를 해 줍니다.
- 헤어 드라이기로 뿌리부터 말리면서 80%를 말린 후, 롤 브러시나 아이롱으로 연출한 후 글로스 왁스를 고르게 바르고 빗질하여 스타일링을 합니다.

Woman Long Hair Style Design

L-2021-145-1

L-2021-145-2

L-2021-145-3

Face Type

계란형　　긴계란형　　둥근형　　역삼각형

육각형　　삼각형　　네모난형　　직사각형

Hair Cut Method-
Technology Manual 166 Page 참고

부드러운 스트레이트 흐름과 율동감의 웨이브 컬이 믹싱되어 신비롭고 달콤함의 헤어스타일!

• 부드러운 실루엣의 흐름과 춤을 추듯 안말음 되는 롱 헤어스타일은 언제나 사랑스럽고 걸리시한 느낌을 주는 아름다운 헤어스타일입니다.

• 언더에서 하이 그러데이션을 커트하고 톱 쪽으로 레이어드를 넣어서 곡선의 부드러운 형태를 만듭니다.

• 모발 길이 중간, 끝에서 틴닝으로 부드러운 흐름을 만들고 슬라이딩 커트로 스타일 표정을 표현합니다.

• 굵은 롤로 1.5~1.8컬의 웨이브 파마를 해 줍니다.

• 헤어 드라이기로 뿌리부터 말리면서 70%를 말린 후, 글로스 왁스를 고르게 바르고 드라이하고 털어 주고 손가락 빗질하여 자연스러운 컬의 움직임을 연출합니다.

Woman Long Hair Style Design

L-2021-146-1   L-2021-146-2   L-2021-146-3

Face Type			
계란형	긴계란형	둥근형	역삼각형
육각형	삼각형	네모난형	직사각형

Hair Cut Method-
Technology Manual 196 Page 참고

차분하고 단정하면서 여성스럽고 지적인 이미지가 느껴지는 큐트 감성의 헤어스타일!

• 후두부의 풍성한 볼륨과 부드러운 곡선의 실루엣으로 턱선, 목선, 어깨선을 타고 안말음 되는 흐름이 예쁘고 신비감과 여성스러움을 주는 헤어스타일입니다.

• 언더에서 레이어드로 가늘어지고 가벼운 흐름을, 톱 쪽으로 그러데이션과 레이어드의 콤비네이션 기법으로 커트하여 풍성한 볼륨의 곡선의 실루엣을 연출합니다.

• 모발 길이 중간, 끝부분에서 틴닝으로 모발량을 조절하고 슬라이딩 커트로 표정을 연출합니다.

• 원컬 스트레이트 파마를 해 줍니다.

• 헤어 드라이기로 뿌리부터 말리면서 80%를 말린 후, 롤 브러시나 아이롱으로 연출하고 글로스 왁스를 고르게 바르고 빗질하여 스타일링을 합니다.

Woman Long Hair Style Design

L-2021-147-1

L-2021-147-2

L-2021-147-3

Hair Cut Method-
Technology Manual 166 Page 참고

부드러운 생머리 흐름과 통통 튀는 컬의 율동이 섹시함과 우아함이 느껴지는 헤어스타일!

• 자연스럽게 흐르는 생머리와 웨이브 컬이 믹싱되어 사랑스럽고 우아한 원숙미까지 느껴지는 아름다운 헤어스타일입니다.

• 언더에서 미디엄 그러데이션을 커트하고 톱 쪽으로 레이어드를 넣어서 곡선의 부드러운 형태를 만듭니다.

• 모발 길이 중간, 끝에서 틴닝으로 부드러운 흐름을 만들고 슬라이딩 커트로 스타일 표정을 표현합니다.

• 굵은 롤로 1.5~2컬의 웨이브 파마를 해 줍니다.

• 헤어 드라이기로 뿌리부터 말리면서 70%를 말린 후, 글로스 왁스를 고르게 바르고 드라이하고 털어 주고 손가락 빗질하여 자연스러운 컬의 움직임을 연출합니다.

Woman Long Hair Style Design

L-2021-148-1

L-2021-148-2

L-2021-148-3

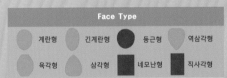

Face Type

계란형	긴계란형	동근형	역삼각형
육각형	삼각형	네모난형	직사각형

Hair Cut Method-
Technology Manual 204 Page 참고

꿈틀거리는 컬이 조작하지 않는 듯 자유롭게 흐트러져 있는 율동감이 멋스러운 헤어스타일!

• 전체 웨이브 파마를 하여 자유롭게 움직이고 손질하지 않은 듯 러프한 흐름의 헤어스타일은 자유롭게 연출하여 자신만의 독특한 개성미를 표현하는 스타일입니다.

• 언더에서 미디엄 그러데이션을 커트하고 톱 쪽으로 레이어드를 넣어서 곡선의 부드러운 형태를 만듭니다.

• 모발 길이 중간, 끝에서 틴닝으로 가늘어지고 부드러운 흐름을 만들고 굵은 롤로 전체 웨이브 파마를 해 줍니다.

• 헤어 드라이기로 뿌리부터 말리면서 70%를 말린 후, 글로스 왁스를 고르게 바르고 드라이하고 털어 주고 손가락 빗질하여 자연스러운 컬의 움직임을 연출합니다.

Woman Long Hair Style Design

L-2021-149-1

L-2021-149-2

L-2021-149-3

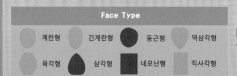

Hair Cut Method-
Technology Manual 172 참고

풍성한 볼륨의 사랑스럽고 귀여운 컬의 율동감이 자유로운 개성을 주는 어드밴스드 헤어스타일!

• 꿈틀거리는 웨이브 컬이 자유롭게 춤을 추듯 풍성한 볼륨을 주는 헤어스타일은 여성스럽고 섹시한 이미지를 주고, 반묶음, 포니테일의 묶는 위치, 액세서리 연출에 의해 다양한 스타일 디자인의 변화를 줄 수 있는 헤어스타일입니다.

• 언더에서 미디엄 그러데이션을 커트하고 톱 쪽으로 레이어드를 넣어서 곡선의 부드러운 형태를 만듭니다.

• 모발 길이 중간, 끝에서 틴닝으로 가늘어지고 가벼운 흐름을 만들고 굵은 롤로 전체 웨이브 파마를 해 줍니다.

• 헤어 드라이기로 뿌리부터 말리면서 70%를 말린 후, 글로스 왁스를 고르게 바르고 스크런치 드라이 기법으로 부풀려서 풍성한 볼륨을 만들고 털어서 자연스러운 컬의 움직임을 연출한 후 중간 세팅력의 헤어스프레이로 고정시킵니다.

Woman Long Hair Style Design

L-2021-150-1

L-2021-150-2

L-2021-150-3

Face Type			
계란형	긴계란형	둥근형	역삼각형
육각형	삼각형	네모난형	직사각형

Hair Cut,Permament Wave Method-
Technology Manual 146 Page 참고

차분하고 단정한 느낌과 지성미가 더해지는 트래디셔널 감성의 헤어스타일!

- 풍성한 볼륨과 부드러운 실루엣의 생머리의 안말음 흐름은 얼굴을 작아 보이는 효과가 있고 목선과 어깨선을 예쁘게 하여 청순한 이미지를 주고, 지적인 이미지가 더해져서 사무직, 전문 분야 커리어 우먼에게도 잘 어울리는 헤어스타일입니다.
- 언더에서 미디엄 그러데이션을 커트하고 톱 쪽으로 레이어드를 넣어서 곡선의 부드러운 형태를 만듭니다.
- 모발 길이 중간, 끝에서 틴닝으로 가늘어지고 부드러운 흐름을 만들고 원컬 스트레이트 파마를 해 줍니다.

Woman Long Hair Style Design

| L-2021-151-1 | L-2021-151-2 | L-2021-151-3 |

Face Type

| 계란형 | 긴계란형 | 둥근형 | 역삼각형 |
| 육각형 | 삼각형 | 네모난형 | 직사각형 |

Hair Cut Method-
Technology Manual 172Page 참고

자유롭고 독특하고 창조적인 헤어스타일을 표현하고 싶은 개성파 여성들의 선택!

- 출렁거리고 꿈틀거리는 듯 율동하는 공기감의 풍성한 컬이 손질하지 않는 듯 자유롭게 연출되어 나만의 독특한 개성미를 주는 헤어스타일입니다.
- 언더에서 미디엄 그러데이션을 커트하고 톱 쪽으로 레이어드를 넣어서 곡선의 부드러운 형태를 만듭니다.
- 모발 길이 중간, 끝에서 틴닝, 슬라이딩 커트로 가늘어지고 가벼운 흐름을 만들고 굵은 롤로 전체 웨이브 파마를 해 줍니다.
- 헤어 드라이기로 뿌리부터 말리면서 70%를 말린 후, 글로스 왁스를 고르게 바르고 스크런치 드라이 기법으로 부풀려서 풍성한 볼륨을 만들고 털어서 자연스러운 컬의 움직임을 연출한 후 중간 세팅력의 헤어스프레이로 고정시킵니다.

Woman Long Hair Style Design

L-2021-152-1

L-2021-152-2

L-2021-152-3

Face Type

계란형	긴계란형	동근형	역삼각형
육각형	삼각형	네모난형	직사각형

Hair Cut Method-
Technology Manual 166 Page 참고

차분하고 단정한 스트레이트에 두둥실 출렁이는 웨이브 컬이 사랑스럽고 우아한 헤어스타일!

- 차분하고 깨끗한 생머리 흐름에 언더에서 풍성하고 율동감 있는 컬의 파마를 하면 우아하고 사랑스럽고 손질하기 편한 스타일입니다.
- 언더에서 미디엄 그러데이션을 커트하고 톱 쪽으로 레이어드를 넣어서 곡선의 부드러운 형태를 만듭니다.
- 모발 길이 중간, 끝에서 틴닝으로 부드러운 흐름을 만들고 슬라이딩 커트로 스타일 표정을 표현합니다.
- 굵은 롤로 1.5~2컬의 웨이브 파마를 해 줍니다.
- 헤어 드라이기로 뿌리부터 말리면서 70%를 말린 후, 글로스 왁스를 고르게 바르고 드라이하고 털어 주고 손가락 빗질하여 자연스러운 컬의 움직임을 연출합니다.

Woman Long Hair Style Design

L-2021-153-1

L-2021-153-2

L-2021-153-3

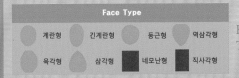

Face Type			
계란형	긴계란형	둥근형	역삼각형
육각형	삼각형	네모난형	직사각형

Hair Cut Method-
Technology Manual 166 Page 참고

보송보송 공기감의 물결 웨이브가 자유롭게 율동하는 컬이 섹시함을 주는 걸리시 헤어스타일!

- 풍성한 볼륨의 사랑스럽고 귀여운 컬의 율동감이 자유로운 개성을 주는 어드밴스드 헤어스타일입니다.
- 큐트하고 사랑스런 웨이브 컬이 자유롭게 춤을 추듯 풍성한 볼륨을 주는 헤어스타일은 여성스럽고 섹시한 이미지를 주는 러블리 헤어스타일입니다.
- 반묶음, 포니테일의 묶는 위치. 액세서리 연출에 의해 다양한 디자인 변화를 할 수 있는 장점이 있으며, 언더에서 하이 그러데이션을 커트하고 톱 쪽으로 레이어드를 넣어서 곡선의 부드러운 형태를 만들고, 모발 길이 중간, 끝에서 틴닝으로 가늘어지고 가벼운 흐름을 만들고 굵은 롤로 전체 웨이브 파마를 해 줍니다.
- 헤어 드라이기로 뿌리부터 말리면서 70%를 말린 후, 글로스 왁스를 고르게 바르고 스크런치 드라이 기법으로 풍성한 볼륨을 만들고 털어서 자연스러운 컬의 움직임을 연출한 후 중간 세팅력의 헤어스프레이로 고정시킵니다.

Woman Long Hair Style Design

L-2021-154-1

L-2021-154-2

L-2021-154-3

Face Type			
계란형	긴계란형	둥근형	역삼각형
육각형	삼각형	네모난형	직사각형

Hair Cut Method-
Technology Manual 166 Page 참고

차분하고 단정한 생머리와 춤을 추듯 안말음 컬이 조화되어 우아하고 사랑스러운 헤어스타일!

- 차분하고 단정한 스트레이트 흐름에 언더에서 안말음 컬을 주는 웨이브 파마는 손질하기 편하고 여성스럽고 우아한 아름다움을 주는 헤어스타일입니다.
- 언더에서 미디엄 그러데이션을 커트하고 톱 쪽으로 레이어드를 넣어서 곡선의 부드러운 형태를 만듭니다.
- 모발 길이 중간, 끝에서 틴닝으로 부드러운 흐름을 만들고 슬라이딩 커트로 스타일 표정을 표현합니다.
- 굵은 롤로 1.5~2컬의 웨이브 파마를 해 줍니다.
- 헤어 드라이기로 뿌리부터 말리면서 70%를 말린 후, 글로스 왁스를 고르게 바르고 드라이하고 털어 주고 손가락 빗질하여 자연스러운 컬의 움직임을 연출합니다.

Woman Long Hair Style Design

L-2021-155-1

L-2021-155-2

L-2021-155-3

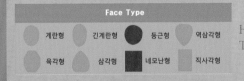

Face Type				
계란형	긴계란형	둥근형	역삼각형	
육각형	삼각형	네모난형	직사각형	

Hair Cut Method-
Technology Manual 166 Page 참고

풍성하고 부드러운 안말음의 웨이브가 차분하고 단정한 이미지를 주는 헤어스타일!

- 부드러운 실루엣의 스트레이트 흐름이 목선과 어깨선을 타고 안말음 되는 스타일은 손질하기 편하고 여성스럽고 청순한 아름다움을 주는 헤어스타일입니다.
- 언더에서 미디엄 그러데이션을 커트를 하고 톱 쪽으로 레이어드를 넣어서 곡선의 부드러운 형태를 만듭니다.
- 모발 길이 중간, 끝에서 틴닝으로 모발량을 조절하고 사이드는 슬라이딩 커트로 가늘어지고 가벼운 질감을 연출합니다.
- 굵은 롤로 1.5~2컬의 웨이브 파마를 해 줍니다.
- 헤어 드라이기로 뿌리부터 말리면서 70%를 말린 후, 글로스 왁스를 고르게 바르고 드라이하고 털어 주고 손가락 빗질하여 자연스러운 컬의 움직임을 연출합니다.

Woman Long Hair Style Design

L-2021-156-1

L-2021-156-2

L-2021-156-3

Face Type

계란형	긴계란형	둥근형	역삼각형
육각형	삼각형	네모난형	직사각형

Hair Cut Method-
Technology Manual 172 Page 참고

부드러운 곡선의 생머리의 흐름이 자연스럽게 안말음 되어 청순한 아름다움을 주는 헤어스타일!

- 부드러운 곡선의 생머리의 롱 헤어스타일은 차분하고 단정하며 순수하고 청순한 소녀 감성을 느끼게 하는 헤어스타일입니다.
- 언더에서 하이 그러데이션을 커트하고 톱 쪽으로 레이어드를 넣어서 곡선의 부드러운 형태를 만듭니다.
- 모발 길이 중간, 끝에서 틴닝으로 가볍고 차분한 흐름을 만들고 사이드에서 길이를 조절하여 층지게 커트하고 슬라이딩 커트로 가늘어지고 가벼운 흐름을 연출합니다.
- 원컬 스트레이트 파마를 하여 부드러운 실루엣을 연출합니다.
- 헤어 드라이기로 뿌리부터 말리면서 80%를 말린 후, 롤 브러시나 아이롱으로 연출하고 글로스 왁스를 고르게 바르고 빗질하여 스타일링을 합니다.

Woman Long Hair Style Design

L-2021-157-1

L-2021-157-2

L-2021-157-3

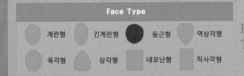

Face Type

계란형   긴계란형   둥근형   역삼각형

육각형   삼각형   네모난형   직사각형

Hair Cut Method-
Technology Manual 196 Page 참고

윤기를 머금은 듯 생머리 모류가 곡선의 실루엣을 연출하여 달콤하고 큐트함을 주는 헤어스타일!

- 풍성한 볼륨을 만들고 틱선에서 부드럽게 안말음 되어 어깨선을 타고 흐르는 느낌이 달콤하고 사랑스런 이미지를 주는 러블리 헤어스타일입니다.
- 언더에서 레이어드로 가벼운 흐름을 만들고 톱 쪽으로 미디엄 그러데이션과 레이어드를 연결하여 부드러운 곡선의 베이스 커트를 합니다.
- 앞머리를 양 사이드로 시스루 뱅을 만들고 사이드를 층지게 커트하고 슬라이딩 커트로 가늘어지고 가벼운 포워드 흐름을 연출합니다.
- 원컬 스트레이트 파마를 해 줍니다.
- 헤어 드라이기로 뿌리부터 말리면서 80%를 말린 후, 롤 브러시나 아이롱으로 연출하고 글로스 왁스를 고르게 바르고 빗질하여 스타일링을 합니다.

Woman Long Hair Style Design

L-2021-158-1

L-2021-158-2

L-2021-158-3

Face Type			
계란형	긴계란형	● 둥근형	역삼각형
육각형	삼각형	■ 네모난형	직사각형

Hair Cut Method-
Technology Manual 211 Page 참고

바람에 휘날리듯 춤을 추는 웨이브 컬의 율동감이 낭만적인 로맨틱 헤어스타일!

• 부드럽고 윤기 나는 질감으로 자유롭게 움직이는 웨이브의 흐름은 언제나 사랑스럽고 예쁜 러블리 헤어스타일입니다.

• 반묶음, 포니테일의 묶는 위치, 액세서리 연출에 의해 다양한 스타일의 디자인 변화를 할 수 있는 헤어스타일입니다.

• 언더에서 하이 그러데이션을 커트하고 톱 쪽으로 레이어드를 넣어서 곡선의 부드러운 형태를 만듭니다.

• 모발 길이 중간, 끝에서 틴닝으로 가늘어지고 가벼운 흐름을 만들고 굵은 롤로 전체 웨이브 파마를 해 줍니다.

• 헤어 드라이기로 뿌리부터 말리면서 70%를 말린 후, 글로스 왁스를 고르게 바르고 스크런치 드라이 기법으로 부풀려서 풍성한 볼륨을 만들고 털어서 자연스러운 컬의 움직임을 연출합니다.

Woman Long Hair Style Design

L-2021-159-1

L-2021-159-2

L-2021-159-3

Face Type			
계란형	긴계란형	둥근형	역삼각형
육각형	삼각형	네모난형	직사각형

Hair Cut Method-
Technology Manual 196 Page 참고

가늘어지고 가벼운 모류가 바람에 휘날리듯 자연스러운 흐름이 청순함과 큐트함을 주는 헤어스타일!

• 가늘어지고 가벼운 질감으로 안말음 되고 어깨선을 타고 바깥으로 살짝 뻗치는 흐름은 자유로운 이미지를 주면서 손질하기 편한 헤어스타일입니다.

• 언더에서 레이어드로 가벼운 흐름을 만들고 톱 쪽으로 미디엄 그러데이션과 레이어드를 연결하여 부드러운 곡선의 실루엣을 연출합니다.

• 앞머리를 내려주고 사이드를 층지게 커트하고 슬라이딩 커트로 가늘어지고 가벼운 포워드 흐름을 연출합니다.

• 원컬 스트레이트 파마를 해 줍니다.

• 헤어 드라이기로 뿌리부터 말리면서 80%를 말린 후, 롤 브러시나 아이롱으로 연출하고 글로스 왁스를 고르게 바르고 빗질하여 스타일링을 합니다.

Woman Long Hair Style Design

L-2021-160-1

L-2021-160-2

L-2021-160-3

Face Type

⬭ 계란형	긴계란형	⬤ 동근형	역삼각형
육각형	삼각형	■ 네모난형	직사각형

Hair Cut Method-
Technology Manual 196 Page 참고

사랑의 속삭임이 전해지는 사랑스런 웨이브 컬이 달콤하고 큐트한 걸리시 헤어스타일!

• 살랑거리며 사랑을 속삭이듯 감미로운 웨이컬의 율동감이 여성스러움과 섹시함이 더해지는 신비롭고 환상적인 헤어스타입니다.

• 반묶음, 포니테일의 묶는 위치, 액세서리 연출에 의해 다양한 스타일 디자인을 할 수 있는 매력적인 스타일입니다.

• 언더에서 하이 그러데이션을 커트하고 톱 쪽으로 레이어드를 넣어서 곡선의 부드러운 형태를 만듭니다.

• 모발 길이 중간, 끝에서 틴닝으로 모발량을 조절하고 슬라이딩 커트로 대담하고 가늘어지는 가벼운 흐름을 만들고 굵은 롤로 전체 웨이브 파마를 해 줍니다.

• 헤어 드라이기로 뿌리부터 말리면서 70%를 말린 후, 글로스 왁스를 고르게 바르고 스크런치 드라이 기법으로 풍성한 볼륨을 만들고 털어서 자연스러운 컬의 움직임을 연출합니다.

Woman Long Hair Style Design

L-2021-161-1

L-2021-161-2

L-2021-161-3

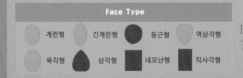

Face Type

| 계란형 | 긴계란형 | 둥근형 | 역삼각형 |
| 육각형 | 삼각형 | 네모난형 | 직사각형 |

Hair Cut Method–
Technology Manual 166 Page 참고

차분하고 단정하며 우아한 여성스러움이 느껴지는 엘레강스 감성의 헤어스타일!

- 생머리 흐름에 언더에서 풍성하고 율동감 있는 컬의 헤어스타일은 손질하기 편하고 우아하고 원숙미를 주는 헤어스타일입니다.
- 언더에서 미디엄 그러데이션을 커트하고 톱 쪽으로 레이어드를 넣어서 곡선의 부드러운 형태를 만듭니다.
- 모발 길이 중간, 끝에서 틴닝으로 부드러운 흐름을 만들고 슬라이딩 커트로 스타일 표정을 표현합니다.
- 굵은 롤로 1.5~2컬의 웨이브 파마를 해 줍니다.
- 헤어 드라이기로 뿌리부터 말리면서 70%를 말린 후, 글로스 왁스를 고르게 바르고 드라이하고 털어 주고 손가락 빗질하여 자연스러운 컬의 움직임을 연출합니다.

Woman Long Hair Style Design

L-2021-162-1

L-2021-162-2

L-2021-162-3

Face Type				
계란형	긴계란형	동근형	역삼각형	
육각형	삼각형	네모난형	직사각형	

Hair Cut Method-
Technology Manual 166 Page 참고

공기감을 머금은 듯 가볍고 자유로운 웨이브 컬이 사랑스럽고 걸리시한 느낌을 주는 헤어스타일!

- 굵으면서 자연스러운 웨이브 컬의 롱 헤어스타일은 오랫동안 여성들에게 사랑받아온 헤어스타일이며 현재도 미래도 살짝살짝 디자인 변화를 주면 트렌디한 개성을 주는 헤어스타일입니다.
- 언더에서 하이 그러데이션을 커트하고 톱 쪽으로 레이어드를 넣어서 곡선의 부드러운 형태를 만듭니다.
- 모발길이 중간, 끝에서 틴닝으로 모발량을 조절하고 슬라이딩 커트로 가늘어지고 가벼운 흐름을 만들고 굵은 롤로 전체 웨이브 파마를 해 줍니다.
- 헤어 드라이기로 뿌리부터 말리면서 70%를 말린 후, 글로스 왁스를 고르게 바르고 스크런치 드라이 기법으로 부풀려서 풍성한 볼륨을 만들고 털어서 자연스러운 컬의 움직임을 연출합니다.

Woman Long Hair Style Design

L-2021-163-1

L-2021-163-2

L-2021-163-3

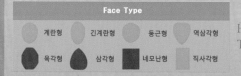

Face Type

| 계란형 | 긴계란형 | 동근형 | 역삼각형 |
| 육각형 | 삼각형 | 네모난형 | 직사각형 |

Hair Cut Method-
Technology Manual 166 Page 참고

곡선의 생머리 흐름과 율동하는 컬이 조화되어 사랑스럽고 우아한 아름다움을 주는 헤어스타일!

• 곱슬머리 흐름의 생머리에 언더에서 자유로운 율동감의 컬이 낭만적이고 신비감을 주는 헤어스타일입니다.

• 언더에서 하이 그러데이션으로 커트하고 톱 쪽으로 레이어드를 넣어서 부드럽고 율동감 있는 실루엣을 연출합니다.

• 슬라이딩 커트로 끝부분을 가늘어지고 가벼운 질감을 표현합니다.

• 굵은 롤로 1.2~1.7컬의 웨이브 파마를 해 줍니다.

• 헤어 드라이기로 뿌리부터 말리면서 70%를 말린 후, 글로스 왁스를 고르게 바르고 드라이하고 손가락 빗질하여 자연스러운 컬의 움직임을 연출합니다.

Woman Long Hair Style Design

L-2021-164-1

L-2021-164-2

L-2021-164-3

Face Type			
계란형	긴계란형	동근형	역삼각형
육각형	삼각형	네모난형	직사각형

Hair Cut Method-
Technology Manual 166 Page 참고

윤기 나는 스트레이트 흐름과 부드러운 컬이 어울어져 신비감을 주는 판타스틱 헤어스타일!

- 건강한 머릿결이 빛나고 찰랑거리는 스트레이트 흐름에 춤을 추듯 율동감의 웨이브 컬이 어울어지는 롱 헤어스타일은 오래도록 여성들에 사랑받아온 클래식 헤어스타일이며 지적이고 우아한 아름다움을 느끼게 하는 헤어스타일입니다.
- 언더에서 미디엄 그러데이션을 커트하고 톱 쪽으로 레이어드를 넣어서 곡선의 부드러운 형태를 만듭니다.
- 모발 길이 중간, 끝에서 틴닝으로 부드러운 흐름을 만들고 슬라이딩 커트로 스타일 표정을 표현합니다.
- 굵은 롤로 1.5~2컬의 웨이브 파마를 해 줍니다.
- 헤어 드라이기로 뿌리부터 말리면서 70%를 말린 후, 글로스 왁스를 고르게 바르고 드라이하고 털어 주고 손가락 빗질하여 자연스러운 컬의 움직임을 연출합니다.

Woman Long Hair Style Design

L-2021-165-1

L-2021-165-2

L-2021-165-3

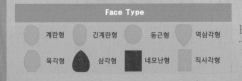

Face Type			
계란형	긴계란형	둥근형	역삼각형
육각형	삼각형	네모난형	직사각형

Hair Cut Method-
Technology Manual 166 Page 참고

꿈틀거리듯 살아 숨 쉬는 듯 살랑거리는 웨이브의 율동감이 감미로운 러블리 헤어스타일!

- 부드럽고 달콤한 느낌의 컬의 롱 헤어스타일은 언제나 여성들에게 동경의 대상이고 느껴 보고 싶은 스타일이지만 건강한 머릿결을 유지하여 굵고 탄력 있는 웨이브 컬의 파마를 잘하는 기술 수준이 포인트입니다.
- 언더에서 하이 그러데이션을 커트하고 톱 쪽으로 레이어드를 넣어서 곡선의 부드러운 형태를 만듭니다.
- 모발 길이 중간, 끝에서 틴닝으로 모발량을 조절하고 슬라이딩 커트로 가늘어지고 가벼운 흐름을 만들고 굵은 롤로 전체 웨이브 파마를 해 줍니다.
- 헤어 드라이기로 뿌리부터 말리면서 70%를 말린 후, 글로스 왁스를 고르게 바르고 스크런치 드라이 기법으로 풍성한 볼륨을 만들고 털어서 자연스러운 컬의 움직임을 연출합니다.

Woman Long Hair Style Design

L-2021-166-1

L-2021-166-2

L-2021-166-3

Face Type			
계란형	긴계란형	둥근형	역삼각형
육각형	삼각형	네모난형	직사각형

Hair Cut Method–
Technology Manual 166 Page 참고

풀린 듯 루스한 물결 웨이브가 사랑스러운 매력을 주는 페미닌 감각의 헤어스타일!

- 춤을 추듯 자유롭게 움직이는 웨이브의 흐름은 언제나 사랑스러운 아름다움을 느끼게 하는 헤어스타일입니다.
- 반묶음, 포니테일의 묶는 위치, 액세서리의 다양한 감각으로 연출하면 새로운 느낌의 변신을 할 수 있습니다.
- 언더에서 미디엄 그러데이션을 커트하고 톱 쪽으로 레이어드를 넣어서 곡선의 부드러운 형태를 만듭니다.
- 모발 길이 중간, 끝에서 틴닝으로 가늘어지고 가벼운 흐름을 만들고 굵은 롤로 전체 웨이브 파마를 해 줍니다.
- 헤어 드라이기로 뿌리부터 말리면서 70%를 말린 후, 글로스 왁스를 고르게 바르고 스크런치 드라이 기법으로 풍성한 볼륨을 만들고 털어서 자연스러운 컬의 움직임을 연출합니다.

Woman Long Hair Style Design

L-2021-167-1

L-2021-167-2

L-2021-167-3

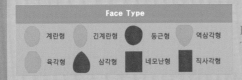

Face Type

계란형	긴계란형	둥근형	역삼각형
육각형	삼각형	네모난형	직사각형

Hair Cut Method-
Technology Manual 211 Page 참고

나만의 자유로운 개성을 추구하고 싶은 트렌디 감각을 지닌 여성들의 선택!

- 굵고 탄력 있으면서 내추럴한 웨이브의 롱 헤어스타일은 사랑스럽고 감미로운 매력을 주는 판타스틱 헤어스타일이며 오래도록 사랑받아온 인기 헤어스타일입니다.
- 앞머리가 없이 이마를 드러내는 웨이브 스타일은 도시적이고 도도한 이미지를 주기도 합니다.
- 언더에서 미디엄 그러데이션을 커트하고 톱 쪽으로 레이어드를 넣어서 곡선의 부드러운 형태를 만듭니다.
- 모발 길이 중간, 끝에서 틴닝으로 가늘어지고 가벼운 흐름을 만들고 굵은 롤로 전체 웨이브 파마를 해 줍니다.
- 헤어 드라이기로 뿌리부터 말리면서 70%를 말린 후, 글로스 왁스를 고르게 바르고 스크런치 드라이 기법으로 풍성한 볼륨을 만들고 털어서 자연스러운 컬의 움직임을 연출합니다.

Woman Long Hair Style Design

L-2021-168-1

L-2021-168-2

L-2021-168-3

Face Type			
계란형	긴계란형	둥근형	역삼각형
육각형	삼각형	네모난형	직사각형

Hair Cut Method-
Technology Manual 166 Page 참고

컬과 생머리 가닥이 혼합되어 독특한 개성을 표출해 주는 나만의 위빙 컬 헤어스타일!

- 위빙 컬 헤어스타일은 과거에도 유행한 헤어스타일이지만 현재도 트렌디하고 모드한 개성을 주는 아방가르드 감각의 헤어스타일입니다.
- 언더에서 하이 그러데이션을 커트하고 톱 쪽으로 레이어드를 넣어서 곡선의 부드러운 형태를 만듭니다.
- 모발 길이 중간, 끝에서 틴닝으로 가볍게 하고 슬라이딩 커트로 대담하게 가늘어지고 가벼운 흐름을 만들고 위빙 컬 파마를 해 줍니다.
- 헤어 드라이기로 뿌리부터 말리면서 70%를 말린 후, 글로스 왁스를 고르게 바르고 스크런치 드라이 기법으로 풍성한 볼륨을 만들고 털어서 자연스러운 컬의 움직임을 연출합니다.

Woman Long Hair Style Design

L-2021-169-1

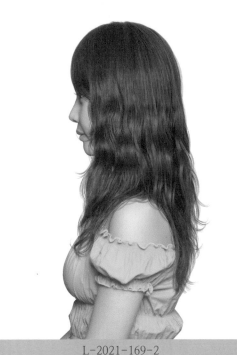

L-2021-169-2

L-2021-169-3

Face Type			
계란형	긴계란형	둥근형	역삼각형
육각형	삼각형	네모난형	직사각형

Hair Cut Method-
Technology Manual 166 Page 참고

풀려서 흐느적거리는 루스한 컬이 사랑스럽고 발랄한 큐트 감각의 로맨틱 헤어스타일!

- 웨이브가 풀린 듯 자연스럽게 흘러내려 율동하는 롱 헤어 웨이브 헤어스타일은 여성스럽고 환상적인 매력을 주는 헤어스타일입니다.
- 언더에서 하이 그러데이션을 커트하고 톱 쪽으로 레이어드를 연결하여 곡선의 부드러운 실루엣을 연출합니다.
- 모발 길이 중간, 끝에서 틴닝으로 가볍게 하고 슬라이딩 커트로 대담하게 가늘어지고 가벼운 흐름을 만들고 전체 파마를 해 줍니다.
- 헤어 드라이기로 뿌리부터 말리면서 70%를 말린 후, 글로스 왁스를 고르게 바르고 스크런치 드라이 기법으로 부드러운 웨이브 흐름을 만들고 털어서 자연스러운 컬의 움직임을 연출합니다.

Woman Long Hair Style Design

L-2021-170-1

L-2021-170-2

L-2021-170-3

Face Type				
계란형	긴계란형	● 둥근형	역삼각형	
육각형	삼각형	네모난형	직사각형	

Hair Cut Method–
Technology Manual 196 Page 참고

윤기를 머금은 듯 차분한 스트레이트 모류가 곡선으로 율동하는 쿠튀르 감각의 헤어스타일!

• 풍성한 볼륨의 모류가 언더에서 턱선으로 안말음 되고 어깨선을 타고 뻗치는 황금 밸런스의 실루엣으로 얼굴을 작아 보이게 하고 어깨선을 아름답게 합니다.

• 언더에서 레이어드로 가늘어지고 가벼운 흐름을 만들고 톱 쪽으로 그러데이션과 레이어드의 콤비네이션 기법으로 곡선의 실루엣을 연출합니다.

• 슬라이딩 틴닝으로 끝부분이 가늘어지고 가벼운 흐름의 질감을 만듭니다.

• 원컬 스트레이트 파마를 해 줍니다.

• 헤어 드라이기로 뿌리부터 말리면서 80%를 말린 후, 롤 브러시나 아이롱으로 연출하고 글로스 왁스를 고르게 바르고 빗질하여 스타일링을 합니다.

Woman Long Hair Style Design

L-2021-171-1 L-2021-171-2 L-2021-171-3

Face Type

| 계란형 | 긴계란형 | 둥근형 | 역삼각형 |
| 육각형 | 삼각형 | 네모난형 | 직사각형 |

Hair Cut Method-
Technology Manual 196 Page 참고

바람에 휘날리듯 자유롭게 율동하는 스트레이트 흐름이 발랄하고 깜직한 느낌의 헤어스타일!

• 언더에서 대담하게 가늘어지고 가벼운 인크리스 레이어드를 커트하고 톱 쪽으로 그러데이션과 레이어드를 넣어서 곡선의 실루엣을 연출하여 사랑스럽고 자유로운 개성을 표현해 줍니다.
• 페이스 라인과 모션 부분은 슬라이딩 커트로 가늘어지고 가벼운 질감을 만들어 자유롭게 율동하는 흐름을 연출하는 것이 포인트입니다.
• 원컬 스트레이트 파마를 해 줍니다.
• 헤어 드라이기로 뿌리부터 말리면서 80%를 말린 후, 롤 브러시나 아이롱으로 연출하고 글로스 왁스를 고르게 바르고 빗질하여 스타일링을 합니다.

Woman Long Hair Style Design

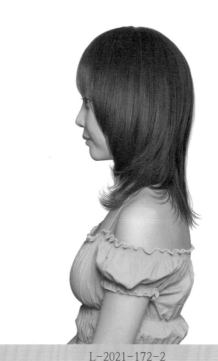

L-2021-172-1

L-2021-172-2

L-2021-172-3

Face Type			
계란형	긴계란형	● 둥근형	역삼각형
육각형	삼각형	네모난형	직사각형

Hair Cut Method-
Technology Manual 196 Page 참고

풍성한 볼륨의 실루엣과 곡선으로 율동하는 모류가 걸리시한 느낌을 주는 로맨틱 헤어스타일!

• 풍성한 볼륨의 흐름이 턱선과 목선을 타고 부드럽게 안말음 되는 흐름이 얼굴을 작아 보이게 하고 턱선을 부드럽게 해주며 발랄하고 청순한 소녀 감성의 헤어스타일입니다.

• 언더에서 레이어드로 가늘어지고 가벼운 흐름을 만들고 톱 쪽으로 그러데이션과 레이어드의 콤비네이션 기법으로 곡선의 실루엣을 연출합니다.

• 슬라이딩, 틴닝으로 끝부분이 가늘어지고 가벼운 흐름의 질감을 만듭니다.

• 원컬 스트레이트 파마를 해 줍니다.

• 헤어 드라이기로 뿌리부터 말리면서 80%를 말린 후, 롤 브러시나 아이롱으로 연출하고 글로스 왁스를 고르게 바르고 빗질하여 스타일링을 합니다.

Woman Long Hair Style Design

L-2021-173-1

L-2021-173-2

L-2021-173-3

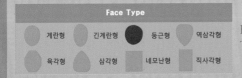

Face Type

계란형	긴계란형	둥근형	역삼각형
육각형	삼각형	네모난형	직사각형

Hair Cut Method-
Technology Manual 196 Page 참고

생기 있고 발랄하며 청순한 소녀 감성의 스위트하고 큐트한 느낌을 주는 헤어스타일!

• 곡선의 형태로 부드럽게 율동감을 주는 스트레이트 헤어스타일은 차분하고 청순한 소녀 감성을 주는 헤어스타일입니다.
• 언더에서 레이어드로 가늘어지고 가벼운 흐름을 만들고 톱 쪽으로 그러데이션과 레이어드를 연결하여 들뜨지 않게 섬세하게 커트하여 곡선의 실루엣을 연출합니다.
• 틴닝으로 모발 길이 중간, 끝부분을 가벼운 흐름을 만들고 슬라이딩 커트로 가늘어지고 가벼운 흐름을 연출합니다.
• 원컬 스트레이트 파마를 해 줍니다.
• 헤어 드라이기로 뿌리부터 말리면서 80%를 말린 후, 롤 브러시나 아이롱으로 연출하고 글로스 왁스를 고르게 바르고 빗질하여 스타일링을 합니다.

Woman Long Hair Style Design

L-2021-174-1   L-2021-174-2   L-2021-174-3

Face Type			
계란형	긴계란형	둥근형	역삼각형
육각형	삼각형	네모난형	직사각형

Hair Cut Method-
Technology Manual 211 Page 참고

두둥실 춤을 추듯 율동하는 웨이브 컬이 성숙한 아름다움을 느끼게 하는 헤어스타일!

- 자연스럽게 풀린 듯 움직임이 좋은 웨이브 컬의 롱 헤어스타일은 섹시하고 신비감을 주는 헤어스타일이어서 언제나 사랑받아온 인기 헤어스타일입니다.
- 언더에서 미디엄 그러데이션을 커트하고 톱 쪽으로 레이어드를 넣어서 곡선의 부드러운 형태를 만듭니다.
- 모발 길이 중간, 끝에서 틴닝으로 가벼운 흐름을 만들고 슬라이딩 커트로 대담하게 가늘어지고 가벼운 질감을 만듭니다.
- 굵은 롤로 전체 웨이브 파마를 해 줍니다.
- 헤어 드라이기로 뿌리부터 말리면서 70%를 말린 후, 글로스 왁스를 고르게 바르고 스크런치 드라이 기법으로 풍성한 볼륨을 만들고 털어서 자연스러운 컬의 움직임을 연출합니다.

Woman Long Hair Style Design

L-2021-175-1

L-2021-175-2

L-2021-175-3

Face Type			
계란형	긴계란형	둥근형	역삼각형
육각형	삼각형	네모난형	직사각형

Hair Cut Method-
Technology Manual 172 Page 참고

수분을 머금은 듯 출렁거리는 웨이브 흐름이 스위트한 느낌을 주는 로맨틱 헤어스타일!

- 부드럽고 플린 듯 자연스러운 웨이브 컬이 좋은 롱 헤어스타일은 여성들에게 언제나 사랑받아온 헤어스타일이며 앞머리를 내려 주어 귀엽고 소녀적인 이미지를 연출합니다.
- 언더에서 미디엄 그러데이션을 커트하고 톱 쪽으로 레이어드를 넣어서 곡선의 베이스를 만듭니다.
- 모발 길이 중간, 끝에서 틴닝으로 가벼운 흐름을 만들고 슬라이딩 커트로 대담하게 가늘어지고 가벼운 질감을 만들고, 굵은 롤로 전체 웨이브 파마를 해 줍니다.
- 헤어 드라이기로 뿌리부터 말리면서 70%를 말린 후, 글로스 왁스를 고르게 바르고 스크런치 드라이 기법으로 풍성한 볼륨을 만들고 털어서 자연스러운 컬의 움직임을 연출합니다.

Woman Long Hair Style Design

L-2021-176-1

L-2021-176-2

L-2021-176-3

Face Type			
계란형	긴계란형	둥근형	역삼각형
육각형	삼각형	네모난형	직사각형

Hair Cut Method-
Technology Manual 196 Page 참고

곡선의 실루엣으로 차분하고 지적인 이미지의 트래디셔널 감각의 헤어스타일!

- 부드럽게 움직이는 차분한 생머리의 흐름이 단정하고 우아한 아름다움을 주고 시원하게 이마를 드러내어 자신감 있는 지성미를 느끼게 합니다.
- 언더에서 레이어드를 커트하고 톱 쪽으로 그러데이션과 레이어드를 연결하여 부드러운 곡선의 실루엣을 연출합니다.
- 프런트와 사이드에서 길이를 조절하여 사선의 층을 만들고 틴닝으로 중간, 끝부분에서 가벼운 질감을 만들고 슬라이딩 커트로 스타일의 표정을 연출합니다.
- 원컬 스트레이트, 원컬 웨이브 파마를 해 줍니다.
- 헤어 드라이기로 뿌리부터 말리면서 80%를 말린 후, 롤 브러시나 아이롱으로 연출하고 글로스 왁스를 고르게 바르고 빗질하여 스타일링을 합니다.

Woman Long Hair Style Design

L-2021-177-1

L-2021-177-2

L-2021-177-3

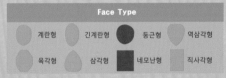

Face Type			
계란형	긴계란형	둥근형	역삼각형
육각형	삼각형	네모난형	직사각형

Hair Cut Method-
Technology Manual 211 Page 참고

풀린 듯 루스한 컬이 스트레이트 흐름과 혼합되어 자유로운 개성을 주는 큐트 감각의 헤어스타일!

- 모선이 말리지 않고 풀린 듯 루스한 느낌으로 손질하지 않는 듯 율동하는 헤어스타일은 어딘지 모르게 신비롭고 섹시한 뉘앙스가 스멀스멀 풍깁니다.
- 언더에서 미디엄 그러데이션을 커트하고 톱 쪽으로 레이어드를 넣어서 부드러운 흐름을 연출합니다.
- 모발 길이 중간, 끝에서 틴닝으로 가벼운 흐름을 만들고 슬라이딩 커트로 대담하게 가늘어지고 가벼운 질감을 만들고, 굵은 롤로 2~3컬의 웨이브 파마를 해 줍니다.
- 헤어 드라이기로 뿌리부터 말리면서 70%를 말린 후, 글로스 왁스를 고르게 바르고 스크런치 드라이 기법으로 풍성한 볼륨을 만들고 털어서 자연스러운 컬의 움직임을 연출합니다.

Woman Long Hair Style Design

L-2021-178-1   L-2021-178-2   L-2021-178-3

Face Type			
계란형	긴계란형	● 둥근형	역삼각형
육각형	삼각형	■ 네모난형	직사각형

Hair Cut,Permament Wave Method-
Technology Manual 172Page 참고

윤기와 수분을 머금은 듯 출렁거리는 컬이 감미롭고 달콤한 큐트 감성의 헤어스타일!

• 촉촉하고 윤기 있는 웨이브 헤어스타일은 맑고 청순한 아름다운 이미지를 주는 아름다운 헤어스타일입니다.

• 언더에서 미디엄 그러데이션을 커트하고 톱 쪽으로 레이어드를 넣어서 차분한 흐름을 연출합니다.

• 모발 길이 중간, 끝에서 틴닝으로 가벼운 흐름을 만들고 슬라이딩 커트로 늘어지고 가벼운 질감을 만들고 굵은 롤로 뿌리 부분을 제외한 웨이브 파마를 해 줍니다.

• 헤어 드라이기로 뿌리부터 말리면서 70%를 말린 후, 글로스 왁스를 고르게 바르고 스크런치 드라이 기법으로 풍성한 볼륨을 만들고 털어서 자연스러운 컬의 움직임을 연출합니다.

Woman Long Hair Style Design

L-2021-179-1

L-2021-179-2

L-2021-179-3

Face Type			
계란형	긴계란형	동근형	역삼각형
육각형	삼각형	네모난형	직사각형

Hair Cut Method-
Technology Manual 211 Page 참고

발랄하고 깜찍한 감성의 소유자, 나만의 개성을 추구하고 싶은 이노센트 감성의 헤어스타일!

• 부풀린 듯 풍성한 볼륨의 웨이브 컬이 자유롭게 율동하는 느낌이 말괄량이 뉘앙스가 풍겨나는 생기발랄하고 큐트한 감성의 로맨틱 헤어스타일입니다.

• 언더에서 미디엄 그러데이션을 커트하고 톱 쪽으로 레이어드를 넣어서 부드러운 실루엣을 연출합니다.

• 모발 길이 중간, 끝에서 틴닝으로 가벼운 흐름을 만들고 슬라이딩 커트로 대담하게 가늘어지고 가벼운 질감을 만들고 굵은 롤로 전체 웨이브 파마를 해 줍니다.

• 헤어 드라이기로 뿌리부터 말리면서 70%를 말린 후, 글로스 왁스를 고르게 바르고 스크런치 드라이 기법으로 풍성한 볼륨을 만들고 털어서 자연스러운 컬의 움직임을 연출합니다.

Woman Long Hair Style Design

L-2021-180-1

L-2021-180-2

L-2021-180-3

Face Type

| 계란형 | 긴계란형 | 둥근형 | 역삼각형 |
| 육각형 | 삼각형 | 네모난형 | 직사각형 |

Hair Cut Method-
Technology Manual 166 Page 참고

평범한 헤어스타일은 싫다. 나만의 자유로운 개성을 추구하고 싶은 나만의 헤어스타일!

- 부드럽고 윤기감을 머금은 듯 출렁거리는 전체 웨이브 헤어스타일은 오래도록 여성들에게 사랑받아온 클래식 감성의 헤어스타일이며,
- 포인트를 주는 디자인의 변화를 하면 트렌디한 분위기와 독특한 개성을 주는 헤어스타일이 되기도 합니다.
- 언더에서 미디엄 그러데이션을 커트하고 톱 쪽으로 레이어드를 넣어서 차분한 흐름을 연출합니다.
- 모발 길이 중간, 끝에서 틴닝으로 가벼운 흐름을 만들고 슬라이딩 커트로 가늘어지고 가벼운 질감을 만들고, 전체 웨이브 파마를 해 줍니다.
- 헤어 드라이기로 뿌리부터 말리면서 70%를 말린 후, 글로스 왁스를 고르게 바르고 스크런치 드라이 기법으로 풍성한 볼륨을 만들고 털어서 자연스러운 컬의 움직임을 연출합니다.

Woman Long Hair Style Design

L-2021-181-1

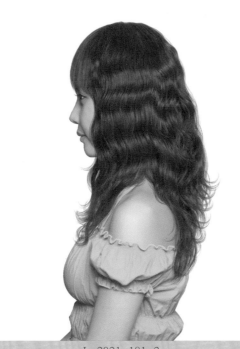

L-2021-181-2

L-2021-181-3

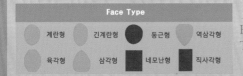

Face Type			
계란형	긴계란형	동근형	역삼각형
육각형	삼각형	네모난형	직사각형

Hair Cut Method-
Technology Manual 211 Page 참고

바닷바람에 출렁이는 느낌의 물결 웨이브가 신비롭고 달콤한 느낌을 주는 로맨틱 헤어스타일!

• 시스루 뱅 앞머리와 자연스럽고 부드러운 물결 웨이브가 발랄하고 깜찍한 감성을 주는 아름다운 헤어스타일입니다.

• 언더에서 하이 그러데이션을 커트하고 톱 쪽으로 레이어드를 넣어서 부드러운 흐름을 연출합니다.

• 모발 길이 중간, 끝에서 틴닝으로 가벼운 흐름을 만들고 슬라이딩 커트로 늘어지고 가벼운 질감을 표현하고, 굵은 롤로 전체 웨이브 파마를 해 줍니다.

• 헤어 드라이기로 뿌리부터 말리면서 70%를 말린 후, 글로스 왁스를 고르게 바르고 스크런치 드라이 기법으로 풍성한 볼륨을 만들고 털어서 자연스러운 컬의 움직임을 연출합니다.

Woman Long Hair Style Design

L-2021-182-1

L-2021-182-2

L-2021-182-3

Face Type			
계란형	긴계란형	둥근형	역삼각형
육각형	삼각형	네모난형	직사각형

Hair Cut Method-
Technology Manual 186 Page 참고

부드러운 곡선의 실루엣으로 율동하는 투명감 있고 윤기 있는 스트레이트 헤어로 이미지 변신!

• 곡선 형태의 스트레이트 헤어스타일은 부드럽고 청순한 이미지를 주고 발랄하고 스위트한 이미지를 줍니다.

• 언더에서 미디엄 그러데이션을 커트하고 톱 쪽으로 레이어드를 넣어서 곡선의 부드러운 형태를 만듭니다.

• 모발 길이 중간, 끝에서 틴닝으로 가늘어지고 가벼운 흐름을 만들고 원컬 스트레이트를 해 줍니다.

• 헤어 드라이기로 뿌리부터 말리면서 80%를 말린 후, 롤 브러시나 아이롱으로 연출하고 글로스 왁스를 고르게 바르고 빗질하여 스타일링을 합니다.

Woman Long Hair Style Design

L-2021-183-1
L-2021-183-2
L-2021-183-3

Face Type				
계란형	긴계란형	둥근형	역삼각형	
육각형	삼각형	네모난형	직사각형	

Hair Cut Method–
Technology Manual 211 Page 참고

바람에 흩날리듯 자연스러운 움직임의 찰랑거림이 생기 있고 발랄한 아름다움을 주는 헤어스타일!

• 언더에서 가늘어지고 가벼운 흐름을 만들기 위해 레이어드 커트를 시작하여 톱으로 연결하여 전체적으로 가볍고 움직임 있는 텍스처 흐름을 연출합니다.

• 앞머리를 가볍게 내려주고 전체를 틴닝 커트로 모발 길이 중간, 끝부분에서 모발량을 조절하여 가벼운 흐름을 만들고 얼굴 주변은 슬라이딩 커트로 가늘어지고 가벼운 안말음 흐름을 연출합니다.

• 곱슬머리는 손질이 편하도록 스트레이트 파마를 합니다.

• 헤어 드라이기로 뿌리부터 말리면서 80%를 말린 후, 롤 브러시나 아이롱으로 연출하고 글로스 왁스를 고르게 바르고 빗질하여 스타일링을 합니다.

Woman Long Hair Style Design

L-2021-184-1

L-2021-184-2

L-2021-184-3

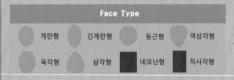

Face Type			
계란형	긴계란형	둥근형	역삼각형
육각형	삼각형	네모난형	직사각형

Hair Cut Method-
Technology Manual 166 Page 참고

춤을 추듯 율동하는 웨이브 컬이 안말음 되어 청순하고 달콤한 아름다움을 주는 헤어스타일!

- 둥근 라인의 언더 라인을 만들면서 롱 레이어 커트를 하고 모발 길이 중간, 끝부분에서 틴닝 커트를 하여 가볍고 부드러운 흐름을 연출하고 슬라이딩 커트 기법으로 앞머리와 사이드에서 가늘어지고 가벼운 흐름을 연출합니다.
- 굵은 롯드로 1.8~2.5컬의 웨이브 파마를 합니다.
- 헤어 드라이기로 뿌리부터 말리면서 70%를 말린 후, 글로스 왁스를 고르게 바르고 스크런치 드라이 기법으로 풍성한 볼륨을 만들고 손가락 빗질하여 자연스러운 컬의 움직임을 연출합니다.

Woman Long Hair Style Design

L-2021-185-1

L-2021-185-2

L-2021-185-3

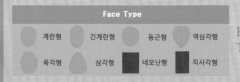

Face Type

| 계란형 | 긴계란형 | 둥근형 | 역삼각형 |
| 육각형 | 삼각형 | 네모난형 | 직사각형 |

Hair Cut Method-
Technology Manual 166 Page 참고

물결치듯 꿈틀거리며 율동하는 웨이브 컬이 사랑스럽고 로맨틱한 러블리 헤어스타일!

- 전체를 부드러운 흐름을 만들면서 둥근 라인의 롱 레이어 스타일 커트를 합니다.
- 들뜨지 않고 차분한 모발 흐름이 될 수 있도록 틴닝 커트를 섬세하게 하고 슬라이딩 커트로 가늘어지고 가벼운 스타일의 표정을 연출합니다.
- 굵은 롯드로 끝부분에서2~2.5컬을 와인딩하여 파마를 합니다.
- 헤어 드라이기로 뿌리부터 말리면서 70%를 말린 후, 글로스 왁스를 고르게 바르고 굵은 빗으로 브러싱하여 자연스러운 컬의 움직임을 연출합니다.

Woman Long Hair Style Design

L-2021-186-1

L-2021-186-2

L-2021-186-3

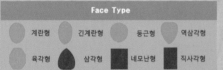

Face Type			
계란형	긴계란형	둥근형	역삼각형
육각형	삼각형	네모난형	직사각형

Hair Cut Method-
Technology Manual 166 Page 참고

손질하지 않은 듯 자유롭고 자연스럽게 움직이는 웨이브 컬이 낭만적인 로맨틱 헤어스타일!

- 가늘어지고 가벼운 질감으로 율동할 수 있도록 둥근 라인의 롱 레이어 커트를 하고 틴닝 커트로 모발 길이 중간, 끝부분에서 모발량을 조절하고 슬라이딩 커트로 끝부분이 깃털처럼 가늘어지고 가벼운 텍스처 흐름을 연출합니다.
- 굵은 롯드로 뿌리 부분 가까이까지 와인딩을 하여 파마를 합니다.
- 헤어 드라이기로 뿌리부터 말리면서 70%를 말린 후, 글로스 왁스를 고르게 바르고 스크런치 드라이 기법으로 풍성한 볼륨을 만들고 손가락 빗질하고 털어 주면서 자연스러운 컬의 움직임을 연출합니다.

Woman Long Hair Style Design

L-2021-187-1

L-2021-187-2

L-2021-187-3

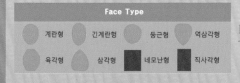

Face Type			
계란형	긴계란형	둥근형	역삼각형
육각형	삼각형	네모난형	직사각형

Hair Cut Method-
Technology Manual 166 Page 참고

플린 듯한 웨이브 컬이 자연스러움과 여성스러운 이미지를 주는 페미닌 감각의 헤어스타일!

• 풀린 듯한 웨이브 컬이 꿈틀거리듯 율동하는 흐름은 자연스러움을 주고 청순하고 섹시한 아름다움을 주는 내추럴 헤어스타일입니다.

• 가벼운 흐름이 될 수 있도록 롱 레이어 커트를 하고 가늘어지고 가벼운 흐름이 연출되도록 틴닝 커트를 하고 슬라이딩 커트로 가늘어지고 가벼운 흐름을 표정을 연출합니다.

• 아주 굵은 롯드로 전체를 와인딩하고 플린 듯한 웨이브 파마를 합니다.

• 헤어 드라이기로 뿌리부터 말리면서 70%를 말린 후, 글로스 왁스를 고르게 바르고 스크런치 드라이 기법으로 풍성한 볼륨을 만들고 손가락 빗질하고 털어 주면서 자연스러운 컬의 움직임을 연출합니다.

Woman Long Hair Style Design

L-2021-188-1   L-2021-188-2   L-2021-188-3

Face Type

계란형	긴계란형	●둥근형	역삼각형
육각형	삼각형	네모난형	직사각형

Hair Cut Method-
Technology Manual 166 Page 참고

꿈틀거리듯 율동하는 웨이브 컬이 안말음 되는 흐름이 청순함을 더해 주는 헤어스타일!

- 스타일의 언더에서 약간의 무게감을 주는 하이 그러데이션 커트를 시작하여 톱 쪽으로 가벼운 흐름의 레이어드 커트를 합니다.
- 틴닝 커트로 모발 길이 중간, 끝부분에서 모발량을 조절하고 슬라이딩 커트로 끝부분이 깃털처럼 가늘어지고 가벼운 텍스처 흐름을 연출합니다.
- 굵은 롯드로 1.5~2컬 와인딩을 하여 파마를 합니다.
- 헤어 드라이기로 뿌리부터 말리면서 70%를 말린 후, 글로스 왁스를 고르게 바르고 스크런치 드라이 기법으로 풍성한 볼륨을 만들고 손가락 빗질하여 방향을 잡아 주면서 자연스러운 컬의 움직임을 연출합니다.

Woman Long Hair Style Design

L-2021-189-1

L-2021-189-2

L-2021-189-3

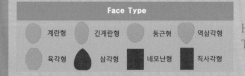

Face Type

계란형   긴계란형   둥근형   역삼각형

육각형   삼각형   네모난형   직사각형

Hair Cut,Permament Wave Method-
Technology Manual 035Page 참고

파도가 출렁거리듯 율동하는 물결 웨이브가 자연스럽고 신비로운 러블리 헤어스타일!

• 자연스럽게 움직이는 물결 웨이브는 감동과 짜릿함을 선사하는 아름다운 헤어스타일입니다.

• 가늘어지고 가벼운 질감으로 율동할 수 있도록 둥근 라인의 롱 레이어드 커트를 하고 틴닝 커트로 모발 길이 중간, 끝부분에서 모발량을 조절하고 슬라이딩 커트로 끝부분이 깃털처럼 가늘어지고 가벼운 텍스처 흐름을 연출합니다.

• 굵은 롯드로 뿌리 부분 가까이 와인딩을 하여 파마를 합니다.

• 헤어 드라이기로 뿌리부터 말리면서 70%를 말린 후, 글로스 왁스를 고르게 바르고 스크런치 드라이 기법으로 풍성한 볼륨을 만들고 손가락 빗질하고 털어 주면서 자연스러운 컬의 움직임을 연출합니다.

Woman Long Hair Style Design

L-2021-190-1   L-2021-190-2   L-2021-190-3

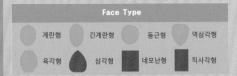

Face Type

계란형	긴계란형	둥근형	역삼각형
육각형	삼각형	네모난형	직사각형

Hair Cut Method-
Technology Manual 166 Page 참고

둥둥 떠다니는 듯 구불거리는 물결 웨이브 컬이 청초하고 신비로운 아름다움을 선사하는 헤어스타일!

• 윤기를 머금은 듯 출렁이는 물결 웨이브 헤어스타일은 소프트한 달콤함을 주는 아름다운 헤어스타일입니다.

• 전체를 부드러운 흐름을 만들면서 둥근 라인의 롱 레이어 스타일 커트를 합니다.

• 들뜨지 않고 차분한 모발 흐름이 될 수 있도록 틴닝 커트를 섬세하게 하고 슬라이딩 커트로 가늘어지고 가벼운 스타일의 표정을 연출합니다.

• 굵은 롯드로 끝부분에서2~2.5컬을 와인딩하여 파마를 합니다.

• 헤어 드라이기로 뿌리부터 말리면서 70%를 말린 후, 글로스 왁스를 고르게 바르고 굵은 빗으로 브러싱하여 자연스러운 컬의 움직임을 연출합니다.

Woman Long Hair Style Design

L-2021-191-1

L-2021-191-2

L-2021-191-3

Face Type			
계란형	긴계란형	● 둥근형	역삼각형
육각형	삼각형	네모난형	직사각형

Hair Cut Method-
Technology Manual 166 Page 참고

바람에 춤을 추는 듯 율동하는 웨이브 컬의 흐름이 낭만적이고 신비로운 러블리 헤어스타일!

• 바람에 자유롭게 흩날리는 듯 움직이는 내추럴 웨이브 컬의 흐름은 누구나 좋아하고 선호하는 아름다운 헤어스타일입니다.

• 가늘어지고 가벼운 질감으로 율동할 수 있도록 둥근 라인의 롱 레이어 커트를 하고 틴닝 커트로 모발 길이 중간, 끝부분에서 모발량을 조절하고 슬라이딩 커트로 끝부분이 깃털처럼 가늘어지고 가벼운 텍스처 흐름을 연출합니다.

• 굵은 롯드로 뿌리 부분 가까이 와인딩을 하여 느슨하면서 풀린 듯한 웨이브 파마를 합니다.

• 헤어 드라이기로 뿌리부터 말리면서 70%를 말린 후, 글로스 왁스를 고르게 바르고 스크런치 드라이 기법으로 풍성한 볼륨을 만들고 손가락 빗질하고 털어 주면서 자연스러운 컬의 움직임을 연출합니다.

Woman Long Hair Style Design

L-2021-192-1

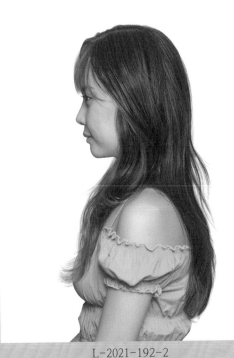

L-2021-192-2

L-2021-192-3

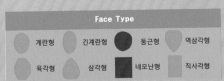

Face Type			
계란형	긴계란형	둥근형	역삼각형
육각형	삼각형	네모난형	직사각형

Hair Cut Method-
Technology Manual 166 Page 참고

둥둥 떠다니는 듯 느슨하면서 구불거리는 흐름이 모드한 향기를 더해 주는 페미닌 헤어스타일!

• 느슨하고 풀린 듯한 웨이브가 트렌디한 향기를 선사하는 아름다운 헤어스타일입니다.

• 언더에서 둥근 라인의 하이 그러데이션 커트를 시작하여 톱 쪽으로 롱 레이어드를 커트하여 자연스럽고 부드러운 흐름을 연출합니다.

• 굵은 로드로 전체를 와인딩하는 파마를 합니다.

• 헤어 드라이기로 뿌리부터 말리면서 70%를 말린 후, 글로스 왁스를 고르게 바르고 스크런치 드라이 기법으로 풍성한 볼륨을 만들고 손가락 빗질하여 방향을 잡아 주면서 자연스러운 컬의 움직임을 연출합니다.

Woman Long Hair Style Design

L-2021-193-1

L-2021-193-2

L-2021-193-3

Face Type			
계란형	긴계란형	둥근형	역삼각형
육각형	삼각형	네모난형	직사각형

Hair Cut Method-
Technology Manual 166 Page 참고

바람결에 두둥실 출렁거리는 웨이브 컬이 사랑스럽고 달콤함을 선사하는 러블리 헤어스타일!

- 우아하게 율동하는 웨이브 컬의 흐름은 언제나 여성스럽고 신비로운 이미지를 선사하는 아름다운 헤어스타일입니다.
- 언더에서 둥근 라인의 하이 그러데이션 커트를 시작하여 톱 쪽으로 롱 레이어드를 커트하여 자연스럽고 부드러운 흐름을 연출합니다.
- 사이드와 언더를 연결하여 굵은 롯드로 1.5컬의 와인딩을 하는 파마를 합니다.
- 헤어 드라이기로 뿌리부터 말리면서 70%를 말린 후, 글로스 왁스를 고르게 바르고 스크런치 드라이 기법으로 풍성한 볼륨을 만들고 손가락 빗질하여 방향을 잡아주면서 자연스러운 컬의 움직임을 연출합니다.

Woman Long Hair Style Design

L-2021-194-1   L-2021-194-2   L-2021-194-3

Face Type

| 계란형 | 긴계란형 | 둥근형 | 역삼각형 |
| 육각형 | 삼각형 | 네모난형 | 직사각형 |

Hair Cut Method-
Technology Manual 166 Page 참고

찰랑거리는 생머리 흐름과 웨이브 컬이 어울어져서 우아한 아름다움을 더해 주는 헤어스타일!

- 언더에서 약간의 무게감을 주기 위해 하이 그러데이션 커트를 하고 톱 쪽으로 레이어드를 넣어서 차분하고 가벼운 자연스러운 흐름을 연출합니다.
- 중간, 끝부분에서 틴닝 커트로 모발량을 조절하고 사이드, 언더에서 1.5~1.8컬의 파마를 합니다.
- 헤어 드라이기로 뿌리부터 말리면서 70%를 말린 후, 글로스 왁스를 고르게 바르고 브러시와 손가락으로 빗질하여 자연스러운 컬의 움직임을 연출합니다.

Woman Long Hair Style Design

L-2021-195-1

L-2021-195-2

L-2021-195-3

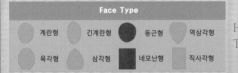

Face Type			
계란형	긴계란형	둥근형	역삼각형
육각형	삼각형	네모난형	직사각형

Hair Cut Method-
Technology Manual 166 Page 참고

윤기를 머금은 듯 찰랑거리며 구불거리는 물결 웨이브가 고급스러움을 더해 주는 헤어스타일!

- 반짝거리며 찰랑거리는 생머리의 흐름과 안말음 되고 사이드에서 율동하는 물결 웨이브가 어우러져 고급스럽고 환상적인 아름다움을 주는 헤어스타일입니다.
- 언더에서 약간의 무게감을 주기 위해 하이 그러데이션 커트를 하고 톱 쪽으로 레이어를 넣어서 차분하고 가볍고 자연스러운 흐름을 연출합니다.
- 중간, 끝부분에서 틴닝 커트로 모발량을 조절하고 사이드언더에서 1.5~1.8컬의 파마를 합니다.
- 헤어 드라이기로 뿌리부터 말리면서 70%를 말린 후, 글로스 왁스를 고르게 바르고 브러시, 손가락으로 빗질하여 자연스러운 컬의 움직임을 연출합니다.

Woman Long Hair Style Design

L-2021-196-1

L-2021-196-2

L-2021-196-3

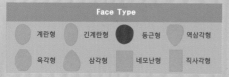

Face Type

| 계란형 | 긴계란형 | 둥근형 | 역삼각형 |
| 육각형 | 삼각형 | 네모난형 | 직사각형 |

Hair Cut Method-
Technology Manual 196 Page 참고

풍성한 볼륨으로 움직이는 웨이브 컬이 여성스럽고 달콤함을 선사하는 러블리 헤어스타일!

- 백 부분에서 인크리스 레이어를 커트하여 가볍고 가늘어지는 흐름을 연출하고 톱 쪽으로 그러데이션과 레이어를 연결하여 가벼고 풍성한 볼륨의 실루엣을 연출합니다.
- 중간, 끝부분에서 틴닝으로 모발량을 조절하고 슬라이딩 커트로 끝부분을 가늘어지고 가볍게 커트합니다.
- 굵은 롤로 1.5~1.8컬의 웨이브 파마를 합니다.
- 헤어 드라이기로 뿌리부터 말리면서 70%를 말린 후, 글로스 왁스를 고르게 바르고 손가락으로 빗질하여 방향을 잡아 주어 자연스러운 컬의 움직임을 연출합니다.

Woman Long Hair Style Design

L-2021-197-1

L-2021-197-2

L-2021-197-3

Face Type			
계란형	긴계란형	둥근형	역삼각형
육각형	삼각형	네모난형	직사각형

Hair Cut Method-
Technology Manual 204 Page 참고

손질하지 않는 듯 이쪽저쪽 자유롭게 움직이는 흐름이 시크한 매력을 주는 헤어스타일!

- 1980년대 후반부터 유럽에서는 슬립핑 스타일을 하기 시작했습니다.
- 슬립핑 헤어스타일은 잠자다 일어난 듯한 스타일이라는 뜻으로 아침에 머리 손질하는 번거로움으로부터 해방되자는 발상에서 시작되었습니다.
- 롱 레이어 커트로 가볍게 층지게 커트하고 모발 길이 중간, 끝부분에서 틴닝 커트를 하여 가벼운 흐름을 연출하고 슬라이딩 커트로 끝부분이 가늘어지는 질감을 표현하고, 굵은 롯드로 뿌리 부분 가까이까지 와인딩을 하여 느슨하면서 풀린 듯한 웨이브 파마를 합니다.
- 헤어 드라이기로 뿌리부터 말리면서 70%를 말린 후, 글로스 왁스를 고르게 바르고 스크런치 드라이 기법으로 풍성한 볼륨을 만들고 털어 주면서 자연스러운 컬의 움직임을 연출합니다.

Woman Long Hair Style Design

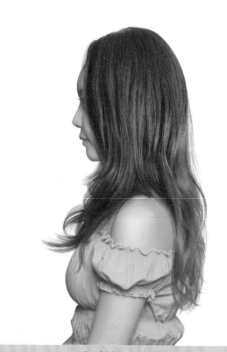

L-2021-198-1   L-2021-198-2   L-2021-198-3

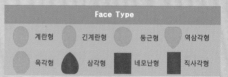

Face Type

계란형   긴계란형   둥근형   역삼각형

육각형   삼각형   네모난형   직사각형

Hair Cut Method–
Technology Manual 166 Page 참고

플린 듯 느슨하게 흐르는 웨이브 컬이 지적이고 여성스러운 내추럴 헤어스타일!

• 건강한 머릿결의 긴머리가 자연스럽고 풀린 듯 느슨하게 율동하는 헤어스일은 여성들에게 사랑받아온 헤어스타일입니다.

• 롱 레이어 커트로 가볍게 층지게 커트를 하고 모발 길이 중간, 끝부분에서 틴닝 커트를 하여 가벼운 흐름을 연출하고 슬라이딩 커트로 끝부분이 가늘어지는 질감을 표현합니다.

• 굵은 롯드로 뿌리 부분 가까이까지 와인딩을 하여 느슨하면서 풀린 듯한 웨이브 파마를 합니다.

• 헤어 드라이기로 뿌리부터 말리면서 70%를 말린 후, 글로스 왁스를 고르게 바르고 스크런치 드라이 기법으로 풍성한 볼륨을 만들고 털어 주면서 자연스러운 컬의 움직임을 연출합니다.

Woman Long Hair Style Design

L-2021-199-1

L-2021-199-2

L-2021-199-3

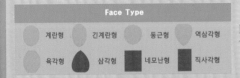

Hair Cut Method-
Technology Manual 146 Page 참고

차분하고 단정하며 지적인 이미지가 느껴지는 트래디셔널 감성의 헤어스타일!

- 스트레이트 흐름에 언더에서 안말음 흐름의 원컬 스트레이트 헤어스타일은 세련되고 지적이며 고급스러움을 주는 헤어스타일입니다.
- 언더에서 미디엄 그러데이션 커트를 하고 톱 쪽으로 레이어드를 넣어서 차분하고 부드러운 형태를 만들고 틴닝으로 중간, 끝부분에서 가벼운 질감을 만들고 굵은 롯드로 1~1.5컬의 웨이브 파마를 합니다.
- 헤어 드라이기로 뿌리부터 말리면서 70%를 말린 후, 글로스 왁스를 고르게 바르고 드라이하고 손가락 빗질하여 자연스러운 컬의 움직임을 연출합니다.

Woman Long Hair Style Design

L-2021-200-1   L-2021-200-2   L-2021-200-3

Hair Cut Method-
Technology Manual 196 Page 참고

안말음, 뻗치는 흐름이 조화되는 웨이브 컬이 신비롭고 큐트한 페미닌 헤어스타일!

- 어깨선을 타고 뻗치는 흐름의 헤어스타일은 고정되어 보이지 않고 자유롭고 복고풍적인 감성을 느끼게 합니다.
- 백 부분에서 인크리스 레이어드를 커트하여 가볍고 가늘어지는 흐름을 연출하고 톱 쪽으로 그러데이션과 레이어드를 연결하여 가볍고 풍성한 볼륨의 실루엣을 연출합니다.
- 중간, 끝부분에서 틴닝으로 모발량을 조절하고 슬라이딩 커트로 끝부분을 가늘어지고 가볍게 커트합니다.
- 굵은 롤로 1.5컬의 웨이브 파마를 합니다.
- 헤어 드라이기로 뿌리부터 말리면서 70%를 말린 후, 글로스 왁스를 고르게 바르고 손가락으로 빗질하여 방향을 잡아 주어 자연스러운 컬의 움직임을 연출합니다.

Woman Long Hair Style Design

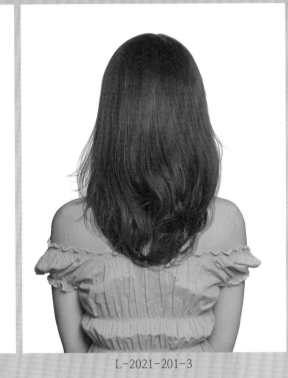

L-2021-201-1   L-2021-201-2   L-2021-201-3

Face Type			
계란형	긴계란형	둥근형	역삼각형
육각형	삼각형	네모난형	직사각형

Hair Cut Method-
Technology Manual 146 Page 참고

투명한 윤기감의 스트레이트 질감이 부드러운 컬과 혼합되어 스위트한 즐거움을 주는 헤어스타일!

• 스트레이트 흐름에 언더에서 컬을 만드는 헤어스타일은 손질하기 편하고 차분하고 세련된 느낌을 주는 헤어스타일이어서 언제나 사랑받아온 헤어스타일입니다.

• 언더에서 미디엄 그러데이션 커트를 하고 톱 쪽으로 레이어드를 넣어서 차분하고 부드러운 형태를 만들고 틴닝으로 중간, 끝부분에서 가벼운 질감을 만들고 굵은 롯드로 1~1.5컬의 웨이브 파마를 합니다.

• 헤어 드라이기로 뿌리부터 말리면서 70%를 말린 후, 글로스 왁스를 고르게 바르고 드라이하고 손가락 빗질하여 자연스러운 컬의 움직임을 연출합니다.

Woman Long Hair Style Design

L-2021-202-1

L-2021-202-2

L-2021-202-3

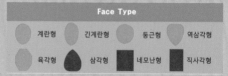

Face Type

계란형   긴계란형   둥근형   역삼각형

육각형   삼각형   네모난형   직사각형

Hair Cut Method-
Technology Manual 211 Page 참고

윤기를 머금은 듯 투명감 있는 웨이브 컬이 매혹적이고 낭만적인 아름다움을 주는 헤어스타일!

- 춤을 추듯 출렁거리는 물결 웨이브가 사랑스럽고 매혹적인 아름다움을 주는 헤어스타일입니다.
- 반묶음, 포니테일의 묶는 위치, 액세서리의 다양한 감각으로 연출하면 새로운 느낌의 변신을 할 수 있습니다.
- 언더에서 미디엄 그러데이션 커트를 하고 톱 쪽으로 레이어드를 넣어서 곡선의 부드러운 형태를 만듭니다.
- 모발 길이 중간, 끝에서 틴닝으로 가늘어지고 가벼운 흐름을 만들고 굵은 롤로 전체 웨이브 파마를 해 줍니다.
- 헤어 드라이기로 뿌리부터 말리면서 70%를 말린 후, 글로스 왁스를 고르게 바르고 스크런치 드라이 기법으로 풍성한 볼륨을 만들고 털어서 자연스러운 컬의 움직임을 연출합니다.

Woman Long Hair Style Design

L-2021-203-1

L-2021-203-2

L-2021-203-3

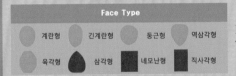

Face Type			
계란형	긴계란형	둥근형	역삼각형
육각형	삼각형	네모난형	직사각형

Hair Cut,Permament Wave Method-
Technology Manual 204 Page 참고

풀린 듯 흐르는 루스한 컬이 사랑스럽고 매혹적인 심쿵 헤어스타일!

• 물 흐르듯 거의 풀린 듯 웨이브가 자유롭게 휘날리는 롱 헤어스타일은 발랄하고 스위트한 분위기를 느끼게 하는 헤어스타일입니다.

• 레이어드 커트로 가벼운 층을 만들고 프런트와 사이드에서 길이를 조절하여 층을 만들고 슬라이딩 커트로 가늘어지고 가벼운 율동의 질감을 연출합니다.

• 굵은 롤로 1.5~1.7컬의 파마를 해 줍니다.

• 헤어 드라이기로 뿌리부터 말리면서 70%를 말린 후, 글로스 왁스를 고르게 바르고 스크런치 드라이 기법으로 손가락을 움켜주고 훑어 주고 털어서 자연스러운 컬의 움직임을 연출합니다.

Woman Long Hair Style Design

L-2021-204-1

L-2021-204-2

L-2021-204-3

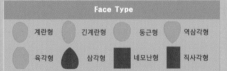

Face Type			
계란형	긴계란형	둥근형	역삼각형
육각형	삼각형	네모난형	직사각형

Hair Cut Method-
Technology Manual 204Page 참고

두둥실 춤을 추듯 곡선의 실루엣과 컬이 사랑스럽고 달콤한 에어리 롱 헤어스타일!

- 부드럽게 율동하는 곡선의 흐름이 세련되고 우아한 아름다운 이미지를 주는 헤어스타일입니다.
- 언더에서 미디엄 그러데이션을 커트하고 톱 쪽으로 레이어드를 넣어서 곡선의 부드러운 형태를 만듭니다.
- 모발 길이 중간, 끝에서 틴닝으로 가늘어지고 가벼운 흐름을 만들고 굵은 롤로 1.2~1.7컬의 웨이브 파마를 해 줍니다.
- 헤어 드라이기로 뿌리부터 말리면서 70%를 말린 후, 글로스 왁스를 고르게 바르고 스크런치 드라이 기법으로 풍성한 볼륨을 만들고 털어서 자연스러운 컬의 움직임을 연출합니다.

Woman Long Hair Style Design

L-2021-205-1

L-2021-205-2

L-2021-205-3

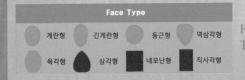

Face Type			
계란형	긴계란형	둥근형	역삼각형
육각형	삼각형	네모난형	직사각형

Hair Cut Method-
Technology Manual 166 Page 참고

자유롭게 율동하는 웨이브 컬이 아름다운 여성미와 큐트함을 주는 헤어스타일!

• 출렁거리는 물결 웨이브가 사랑스럽고 매혹적인 아름다움을 주는 심쿵 헤어스타일입니다.

• 반묶음, 포니테일, 헤어핀 등 액세서리의 다양한 감각으로 연출하면 늘 새로운 느낌의 변신을 할 수 있는 페미닌 감성의 헤어스타일입니다.

• 언더에서 미디엄 그레데이션을 커트하고 톱 쪽으로 레이어드를 넣어서 곡선의 부드러운 형태를 만듭니다.

• 모발 길이 중간, 끝에서 틴닝으로 가늘어지고 가벼운 흐름을 만들고 굵은 롤로 뿌리를 제외한 웨이브 파마를 해 줍니다.

• 헤어 드라이기로 뿌리부터 말리면서 70%를 말린 후, 글로스 왁스를 고르게 바르고 스크런치 드라이 기법으로 풍성한 볼륨을 만들고 털어서 자연스러운 컬의 움직임을 연출합니다.

Woman Long Hair Style Design

L-2021-206-1

L-2021-206-2

L-2021-206-3

Face Type			
계란형	긴계란형	동근형	역삼각형
육각형	삼각형	네모난형	직사각형

Hair Cut Method-
Technology Manual 196 Page 참고

가늘어지고 가벼운 질감의 스트레이트 모류가 자유롭게 율동하는 큐트 감성의 헤어스타일!

- 목선에서 부드러운 곡선의 실루엣으로 가늘어지고 가벼운 흐름으로 자유롭게 율동하는 둥근감의 스트레이트 스타일은 부드럽고 청순하고 발랄한 로맨틱 감성의 헤어스타일입니다.
- 언더에서 인크리스 레이어드로 가늘어지고 가벼운 흐름을 연출하고 톱 쪽으로 그러데이션과 레이어드를 연결하여 부드러운 곡선의 실루엣을 만듭니다.
- 틴닝으로 중간, 끝부분에서 가벼운 질감 커트를 하고 슬라이딩 커트로 가늘어지고 가벼운 율동감의 텍스처를 표현합니다.
- 원컬 스트레이트, 원컬 웨이브 파마를 해 줍니다.
- 헤어 드라이기로 뿌리부터 말리면서 80%를 말린 후, 롤 브러시나 아이롱으로 연출하고 글로스 왁스를 고르게 바르고 빗질하여 스타일링을 합니다.

Woman Long Hair Style Design

L-2021-207-1

L-2021-207-2

L-2021-207-3

Face Type

계란형　긴계란형　둥근형　역삼각형

육각형　삼각형　네모난형　직사각형

Hair Cut Method-
Technology Manual 172 Page 참고

해변을 거닐며 영화처럼! 바람에 휘날리고 출렁거리는 컬이 매혹적인 러블리 헤어스타일!

- 굵은 컬이 자연스럽게 율동하는 롱 헤어스타일은 여성스럽고 섹시한 뉘앙스가 느껴지는 심쿵 헤어스타일입니다.
- 언더에서 미디엄 그러데이션을 커트하고 톱 쪽으로 레이어드를 넣어서 곡선의 부드러운 형태를 만듭니다.
- 모발 길이 중간, 끝에서 틴닝으로 가늘어지고 가벼운 흐름을 만들고 굵은 롤로 뿌리를 제외한 웨이브 파마를 해 줍니다.
- 헤어 드라이기로 뿌리부터 말리면서 70%를 말린 후, 글로스 왁스를 고르게 바르고 스크런치 드라이 기법으로 풍성한 볼륨을 만들고 털어서 자연스러운 컬의 움직임을 연출합니다.

Woman Long Hair Style Design

L-2021-208-1   L-2021-208-2   L-2021-208-3

Face Type

계란형   긴계란형   둥근형   역삼각형

육각형   삼각형   네모난형   직사각형

Hair Cut Method-
Technology Manual 196 Page 참고

스위트한 느낌을 주지만 성숙하고 세련된 향기가 느껴지는 헤어스타일!

- 턱선에서 부드러운 흐름으로 안말음 되고 바람에 휘날리듯 자연스럽게 후두부 방향으로 넘어가는 자연스러운 움직임의 헤어스타일은 사랑스럽고 큐트함이 물씬 풍기는 스타일입니다.
- 언더에서 하이 그러데이션을 커트하고 톱 쪽으로 그러데이션과 레이어드를 넣어서 곡선의 부드러운 형태를 만듭니다.
- 모발 길이 중간, 끝에서 틴닝으로 모발량을 조절하고 슬라이딩 커트로 가늘어지고 가벼운 흐름을 만들고 굵은 롤로 1.5~1.8컬의 웨이브 파마를 해 줍니다.
- 헤어 드라이기로 뿌리부터 말리면서 70%를 말린 후, 글로스 왁스를 고르게 바르고 스크런치 드라이 기법으로 풍성한 볼륨을 만들고 손가락 빗질하여 자연스러운 컬의 움직임을 연출합니다.

Woman Long Hair Style Design

L-2021-209-1

L-2021-209-2

L-2021-209-3

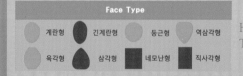

Face Type			
계란형	긴계란형	둥근형	역삼각형
육각형	삼각형	네모난형	직사각형

Hair Cut Method-
Technology Manual 166 Page 참고

살짝살짝 움직이는 풀리고 느슨한 흐름이 자연스러운 내추럴 헤어스타일!

• 웨이브 컬이 풀리고 느슨한 흐름이 자연스러운 느낌과 여성스러움을 주는 아름다운 헤어스타일입니다.

• 롱 레이어드 커트로 가볍게 층지게 커트하고 모발 길이 중간, 끝부분에서 틴닝 커트를 하여 가벼운 흐름을 연출하고 슬라이딩 커트로 끝부분이 가늘어지는 질감을 표현합니다.

• 굵은 롯드로 1.5~2컬 와인딩을 하여 웨이브 파마를 합니다.

• 헤어 드라이기로 뿌리부터 말리면서 70%를 말린 후, 글로스 왁스를 고르게 바르고 스크런치 드라이 기법으로 풍성한 볼륨을 만들고 털어 주면서 자연스러운 컬의 움직임을 연출합니다.

Woman Long Hair Style Design

L-2021-210-1   L-2021-210-2   L-2021-210-3

Face Type

계란형   긴계란형   둥근형   역삼각형

육각형   삼각형   네모난형   직사각형

Hair Cut Method-
Technology Manual 166 Page 참고

바람결에 흩날리는 듯 율동하는 웨이브 흐름이 낭만적인 헤어스타일!

- 풀리고 느슨하여 루스한 웨이브가 바람에 날리듯 율동하는 롱 헤어스타일은 자연스럽고 사랑스러운 아름다운 헤어스타일입니다.
- 롱 레이어드 커트로 가볍게 층지게 커트하고 모발 길이 중간, 끝부분에서 틴닝 커트를 하여 가벼운 흐름을 연출하고
- 슬라이딩 커트로 끝부분이 가늘어지는 질감을 표현합니다.
- 굵은 롯드로 1.5~2컬 와인딩을 하여 풀린 듯한 웨이브 파마를 합니다.
- 헤어 드라이기로 뿌리부터 말리면서 70%를 말린 후, 글로스 왁스를 고르게 바르고 스크런치 드라이 기법으로 풍성한 볼륨을 만들고 털어 주면서 자연스러운 컬의 움직임을 연출합니다.

Woman Long Hair Style Design

L-2021-211-1   L-2021-211-2   L-2021-211-3

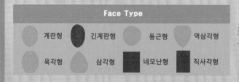

Face Type			
계란형	긴계란형	둥근형	역삼각형
육각형	삼각형	네모난형	직사각형

Hair Cut Method-
Technology Manual 166 Page 참고

풀린 듯 느슨한 자유롭게 율동하는 웨이브 컬이 낭만적인 내추럴 헤어스타일!

- 느슨하게 풀린 웨이브 컬이 바람에 율동하는 듯 움직이는 흐름은 낭만적이고 설레게 하는 신비로운 아름다운 헤어스타일입니다.
- 롱 레이어드 커트로 가볍게 층지게 커트하고 모발 길이 중간, 끝부분에서 틴닝 커트를 하여 가벼운 흐름을 연출하고 슬라이딩 커트로 끝부분이 가늘어지는 질감을 표현합니다.
- 굵은 롯드로 뿌리 부분 가까이까지 와인딩을 하여 느슨하면서 풀린 듯한 웨이브 파마를 합니다.
- 헤어 드라이기로 뿌리부터 말리면서 70%를 말린 후, 글로스 왁스를 고르게 바르고 스크런치 드라이 기법으로 풍성한 볼륨을 만들고 털어 주면서 자연스러운 컬의 움직임을 연출합니다.

Woman Long Hair Style Design

L-2021-212-1

L-2021-212-2

L-2021-212-3

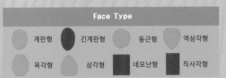

Hair Cut Method-
Technology Manual 166 Page 참고

공기를 머금은 듯 부드럽고 자연스럽게 움직이는 내추럴 헤어스타일의 감동!

- 건강하면서 윤기 나는 롱 헤어의 내추럴 웨이브 헤어스타일은 언제나 여성들에게 환상과 설레임을 주는 감동적인 헤어스타일입니다.
- 롱 레이어드 커트로 가볍게 층지게 커트하고 모발 길이 중간, 끝부분에서 틴닝 커트를 하여 가벼운 흐름을 연출하고 슬라이딩 커트로 끝부분이 가늘어지는 질감을 표현합니다.
- 굵은 롯드로 뿌리 부분 가까이까지 와인딩을 하여 느슨하면서 풀린 듯한 웨이브 파마를 합니다.
- 헤어 드라이기로 뿌리부터 말리면서 70%를 말린 후, 글로스 왁스를 고르게 바르고 스크런치 드라이 기법으로 풍성한 볼륨을 만들고 털어 주면서 자연스러운 컬의 움직임을 연출합니다.

Woman Long Hair Style Design

L-2021-213-1

L-2021-213-2

L-2021-213-3

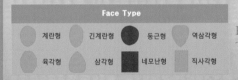

Face Type			
계란형	긴계란형	둥근형	역삼각형
육각형	삼각형	네모난형	직사각형

Hair Cut Method-
Technology Manual 204 Page 참고

바람에 흩날리듯 자연스럽게 움직이는 웨이브 흐름이 낭만적인 에스닉 감각의 헤어스타일!

- 손질하지 않은 듯 약간 헝클어지는 듯 율동하는 헤어스타일은 낭만적이고 소박한 아름다움을 주는 에스닉 감성의 헤어스타일입니다.
- 롱 레이어드 커트로 가볍게 층지게 커트하고 모발 길이 중간, 끝부분에서 틴닝 커트를 하여 가벼운 흐름을 연출하고 슬라이딩 커트로 끝부분이 가늘어지는 질감을 표현합니다.
- 굵은 롯드로 뿌리 부분 가까이 와인딩을 하여 느슨하면서 풀린 듯한 웨이브 파마를 합니다.
- 헤어 드라이기로 뿌리부터 말리면서 70%를 말린 후, 글로스 왁스를 고르게 바르고 스크런치 드라이 기법으로 풍성한 볼륨을 만들고 털어 주면서 자연스러운 컬의 움직임을 연출합니다.

Woman Long Hair Style Design

L-2021-214-1　　　　　　　　L-2021-214-2　　　　　　　　L-2021-214-3

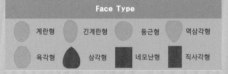

Face Type			
계란형	긴계란형	둥근형	역삼각형
육각형	삼각형	네모난형	직사각형

Hair Cut Method–
Technology Manual 166 Page 참고

풀린 듯 느슨한 웨이브 컬이 춤을 추듯 율동하는 흐름이 낭만적인 내추럴 감성의 헤어스타일!

• 바람결에 흩들리는 듯 춤을 추듯 움직이는 웨이브 컬의 흐름이 사랑스럽고 낭만적인 아름다운 헤어스타일입니다.

• 롱 레이어드 커트로 가볍고 층지게 커트하고 모발 길이 중간, 끝부분에서 틴닝 커트를 하여 가벼운 흐름을 연출하고 슬라이딩 커트로 끝부분이 가늘어지는 질감을 표현합니다.

• 굵은 롯드로 뿌리 부분 가까이 와인딩을 하여 느슨하면서 풀린 듯한 웨이브 파마를 합니다.

• 헤어 드라이기로 뿌리부터 말리면서 70%를 말린 후, 글로스 왁스를 고르게 바르고 스크런치 드라이 기법으로 풍성한 볼륨을 만들고 털어 주면서 자연스러운 컬의 움직임을 연출합니다.

Woman Long Hair Style Design

L-2021-215-1

L-2021-215-2

L-2021-215-3

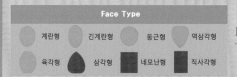

Face Type

계란형	긴계란형	둥근형	역삼각형
육각형	삼각형	네모난형	직사각형

Hair Cut,Permament Wave Method-
Technology Manual 166 Page 참고

풀린 듯 춤을 추듯 웨이브 컬이 사랑스러움을 더해 주는 모던 감성의 헤어스타일!

• 윤기를 머금은 듯 반짝이는 핑크레드의 컬러가 도시적이고 섹시한 감성은 주고 사랑스러운 여인의 향기가 느껴지는 러블리 헤어스타일입니다.

• 롱 레이어 커트로 가볍고 층지게 커트하고 모발 길이 중간, 끝부분에서 틴닝 커트를 하여 가벼운 흐름을 연출하고 슬라이딩 커트로 끝부분이 가늘어지는 질감을 표현합니다.

• 굵은 롯드로 뿌리 부분 가까이 와인딩을 하여 느슨하면서 풀린 듯한 웨이브 파마를 합니다.

• 헤어 드라이기로 뿌리부터 말리면서 70%를 말린 후, 글로스 왁스를 고르게 바르고 스크런치 드라이 기법으로 풍성한 볼륨을 만들고 털어 주면서 자연스러운 컬의 움직임을 연출합니다.

Woman Long Hair Style Design

L-2021-216-1 L-2021-216-2 L-2021-216-3

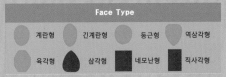

Face Type			
계란형	긴계란형	둥근형	역삼각형
육각형	삼각형	네모난형	직사각형

Hair Cut Method-
Technology Manual 166 Page 참고

이마를 시원하게 드러내고 손질하지 않은 듯 자유롭고 쿨한 인상이 특징인 헤어스타일!

- 답답할 때 이마에서 손가락으로 쓸어 올리듯 자유롭게 움직이는 웨이브의 율동이 시원스럽고 낭만적인 에스닉 감성의 헤어스타일입니다.
- 롱 레이어드 커트로 가볍게 층지게 커트하고 모발 길이 중간, 끝부분에서 틴닝 커트를 하여 가벼운 흐름을 연출하고 슬라이딩 커트로 끝부분이 가늘어지는 질감을 표현합니다.
- 굵은 롯드로 뿌리 부분 가까이 와인딩을 하여 느슨하면서 풀린 듯한 웨이브 파마를 합니다.
- 헤어 드라이기로 뿌리부터 말리면서 70%를 말린 후, 글로스 왁스를 고르게 바르고 스크런치 드라이 기법으로 풍성한 볼륨을 만들고 털어 주면서 자연스러운 컬의 움직임을 연출합니다.

Woman Long Hair Style Design

L-2021-217-1

L-2021-217-2

L-2021-217-3

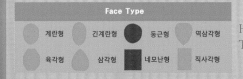

Face Type

계란형	긴계란형	둥근형	역삼각형
육각형	삼각형	네모난형	직사각형

Hair Cut Method-
Technology Manual 211 Page 참고

자연스러운 컬이 바람에 출렁이듯 율동하는 흐름이 신비롭고 큐트한 페미닌 감성의 헤어스타일!

• 손질하지 않은 듯 루스한 웨이브 컬이 바람결에 사랑스럽게 춤을 추는 흐름은 신비롭고 달콤한 여인의 향기를 느끼게 하는 아름다운 헤어스타일입니다.

• 롱 레이어드 커트로 가볍게 층지게 커트하고 모발 길이 중간, 끝부분에서 틴닝 커트를 하여 가벼운 흐름을 연출하고 슬라이딩 커트로 끝부분이 가늘어지는 질감을 표현합니다.

• 굵은 롯드로 1.7~2.5컬 와인딩을 하여 느슨하면서 풀린 듯한 웨이브 파마를 합니다.

• 헤어 드라이기로 뿌리부터 말리면서 70%를 말린 후, 글로스 왁스를 고르게 바르고 스크런치 드라이 기법으로 풍성한 볼륨을 만들고 털어 주면서 자연스러운 컬의 움직임을 연출합니다.

Woman Long Hair Style Design

L-2021-218-1   L-2021-218-2   L-2021-218-3

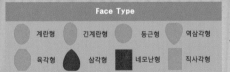

Face Type			
계란형	긴계란형	둥근형	역삼각형
육각형	삼각형	네모난형	직사각형

Hair Cut Method-
Technology Manual 166 Page 참고

보송보송 통통 튀는 웨이브 컬이 여성스럽고 신비로운 러블리 헤어스타일!

• 아주 굵고 조금은 탄력 있는 웨이브 컬이 출렁이고 통통 튀는 흐름은 예뻐서 여성의 마음을 설레게 하고 감동을 주는 아름다운 헤어스타일입니다.

• 롱 레이어드 커트로 가볍게 층지게 커트하고 모발 길이 중간, 끝부분에서 틴닝 커트를 하여 가벼운 흐름을 연출하고 슬라이딩 커트로 끝부분이 가늘어지는 질감을 표현합니다.

• 굵은 롯드로 뿌리 부분 가까이 와인딩을 하여 웨이브 파마를 합니다.

• 헤어 드라이기로 뿌리부터 말리면서 70%를 말린 후, 글로스 왁스를 고르게 바르고 스크런치 드라이 기법으로 풍성한 볼륨을 만들고 털어 주면서 자연스러운 컬의 움직임을 연출합니다.

Woman Long Hair Style Design

L-2021-219-1

L-2021-219-2

L-2021-219-3

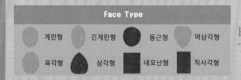

Face Type			
계란형	긴계란형	둥근형	역삼각형
육각형	삼각형	네모난형	직사각형

Hair Cut Method-
Technology Manual 211 Page 참고

손질하지 않은 듯 자연스럽게 흔들거리는 웨이브 흐름이 달콤한 러블리 헤어스타일!

- 풀리고 느슨하여 바람결에 날리는 듯 율동하는 롱 헤어스타일은 여성스러움을 주고 신비롭고 달콤하여 설레게 하고 매혹적인 스타일의 향기가 느껴지는 아름다운 러블리 헤어스타일입니다.

- 롱레이어드 커트로 가볍게 층지게 커트하고 모발 길이 중간, 끝부분에서 틴닝 커트를 하여 가벼운 흐름을 연출하고 슬라이딩 커트로 끝부분이 가늘어지는 질감을 표현하고, 굵은 롯드로 뿌리 부분 가까이 와인딩을 하여 느슨하면서 풀린 듯한 웨이브 파마를 합니다.

- 헤어 드라이기로 뿌리부터 말리면서 70%를 말린 후, 글로스 왁스를 고르게 바르고 스크런치 드라이 기법으로 풍성한 볼륨을 만들고 털어 주면서 자연스러운 컬의 움직임을 연출합니다.

Woman Long Hair Style Design

L-2021-220-1

L-2021-220-2

L-2021-220-3

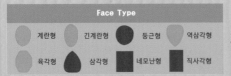

Face Type			
계란형	긴계란형	둥근형	역삼각형
육각형	삼각형	네모난형	직사각형

Hair Cut Method-
Technology Manual 211 Page 참고

탄력 있고 통통 튀는 웨이브 컬이 인공적이면서도 자연스럽고 사랑스러운 페미닌 감성의 헤어스타일!

• 굵고 탄력 있는 웨이브 흐름은 인공적이면서도 조금은 자연스러운 느낌을 주며 화려하고 섹시한 분위기가 느껴지는 페미닌 감성의 헤어스타일입니다.

• 언더에서 약간 무게감을 주는 둥근 라인의 하이 그러데이션 커트를 시작하여 톱 쪽으로 레이어드를 넣어서 부드럽고 가벼운 층을 만들고,

• 모발 길이 중간, 끝부분 틴닝 커트를 하여 모발량을 조절하고 슬라이딩 커트로 끝부분이 가늘어지는 질감을 표현하여 자연스러운 움직임을 연출합니다.

• 굵은 롯드로 2~3컬을 와인딩을 하여 느슨하면서 풀린 듯한 웨이브 파마를 합니다.

• 헤어 드라이기로 뿌리부터 말리면서 70%를 말린 후, 글로스 왁스를 고르게 바르고 스크런치 드라이 기법으로 풍성한 볼륨을 만들고 털어 주면서 자연스러운 컬의 움직임을 연출합니다.

Woman Long Hair Style Design

L-2021-221-1

L-2021-221-2

L-2021-221-3

Face Type			
계란형	긴계란형	둥근형	역삼각형
육각형	삼각형	네모난형	직사각형

Hair Cut Method-
Technology Manual 211 Page 참고

춤을 추듯 율동하는 웨이브 컬이 사랑스러운 내추럴 헤어스타일!

- 바람결에 얼굴을 감싸는 듯 흔들거리고 목선과 어깨선을 타고 율동하는 웨이브의 롱 헤어스타일은 신비로움과 설레임, 달콤함을 선사하는 아름다움 헤어스타일입니다.
- 언더에서 둥근 라인의 하이 그러데이션 커트를 시작하여 톱 쪽으로 레이어를 넣어서 부드럽고 가벼운 층을 만들고 모발 길이 중간, 끝부분 틴닝 커트를 하여 모발량을 조절하고 슬라이딩 커트로 끝부분이 가늘어지는 질감을 표현하여 자연스럼 움직임을 연출합니다.
- 굵은 롯드로 2~3컬을 와인딩을 하여 느슨하면서 풀린 듯한 웨이브 파마를 합니다.
- 헤어 드라이기로 뿌리부터 말리면서 70%를 말린 후, 글로스 왁스를 고르게 바르고 스크런치 드라이 기법으로 풍성한 볼륨을 만들고 털어 주면서 자연스러운 컬의 움직임을 연출합니다.

Woman Long Hair Style Design

L-2021-222-1

L-2021-222-2

L-2021-222-3

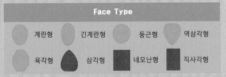

Face Type

| 계란형 | 긴계란형 | 둥근형 | 역삼각형 |
| 육각형 | 삼각형 | 네모난형 | 직사각형 |

Hair Cut Method-
Technology Manual 166 Page 참고

윤기를 머금은 듯 보송보송한 롱 헤어가 여성스러움을 주는 헤어스타일!

- 풀린 듯 느슨한 웨이브가 춤을 추듯 움직이는 흐름은 로맨틱하고 여성스러움을 주는 헤어스타일입니다.
- 롱 레이어드 커트로 가볍게 층지게 커트하고 모발 길이 중간, 끝부분에서 틴닝 커트를 하여 가벼운 흐름을 연출하고 슬라이딩 커트로 끝부분이 가늘어지는 질감을 표현합니다.
- 굵은 롯드로 뿌리 부분 가까이까지 와인딩을 하여 느슨하면서 풀린 듯한 웨이브 파마를 합니다.
- 헤어 드라이기로 뿌리부터 말리면서 70%를 말린 후, 글로스 왁스를 고르게 바르고 스크런치 드라이 기법으로 풍성한 볼륨을 만들고 털어 주면서 자연스러운 컬의 움직임을 연출합니다.

Woman Long Hair Style Design

L-2021-223-1   L-2021-223-2   L-2021-223-3

Face Type

계란형	긴계란형	둥근형	역삼각형
육각형	삼각형	네모난형	직사각형

Hair Cut Method-
Technology Manual 166 Page 참고

풀어진 듯 흘러내리는 루스한 웨이브 컬이 지적이고 사랑스러운 트래디셔널 감성의 헤어스타일!

- 사무실에서 거리에서 무심코 손가락으로 이마에서 시원하게 쓸어 올려 빗어 흘러내리는 듯 율동하는 핑크 컬러 머릿결이 황홀하면서도 지적인 아름다움을 주는 헤어스타일입니다.
- 언더에서 둥근 라인의 하이 그러데이션 커트를 시작하여 톱 쪽으로 레이어드를 넣어서 부드럽고 가벼운 층을 만들고 모발 길이 중간, 끝부분 틴닝 커트를 하여 모발량을 조절하고 슬라이딩 커트로 끝부분이 가늘어지는 질감을 표현하여 자연스럽게 움직임을 연출합니다.
- 굵은 롯드로 2~3컬을 와인딩을 하여 느슨하면서 풀린 듯한 웨이브 파마를 합니다.
- 헤어 드라이기로 뿌리부터 말리면서 70%를 말린 후, 글로스 왁스를 고르게 바르고 스크런치 드라이 기법으로 풍성한 볼륨을 만들고 털어 주면서 자연스러운 컬의 움직임을 연출합니다.

Woman Long Hair Style Design

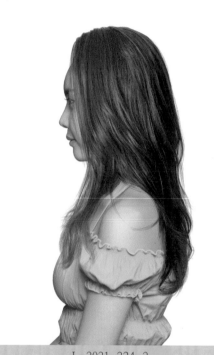

L-2021-224-1

L-2021-224-2

L-2021-224-3

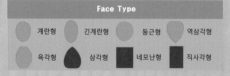

Face Type			
계란형	긴계란형	둥근형	역삼각형
육각형	삼각형	네모난형	직사각형

Hair Cut Method-
Technology Manual 166 Page 참고

바람에 흩날리는 듯 소박하면서도 화려함까지 느껴지는 에스닉 감성의 헤어스타일!

• 도시 생활이 고도화되고 복잡할수록 사람들은 자연을 동경하듯 손질하지 않은 듯 바람결에 춤을 추듯 율동하는 웨이브 흐름은 소박하면서도 화려함까지 더해지는 사랑스럽고 감동을 주는 헤어스타일입니다.

• 롱 레이어드 커트로 가볍게 층지게 커트하고 모발 길이 중간, 끝부분에서 틴닝 커트를 하여 가벼운 흐름을 연출하고 슬라이딩 커트로 끝부분이 가늘어지는 질감을 표현하고, 굵은 롯드로 뿌리 부분 가까이까지 와인딩을 하여 느슨하면서 풀린 듯한 웨이브 파마를 합니다.

• 헤어 드라이기로 뿌리부터 말리면서 70%를 말린 후, 글로스 왁스를 고르게 바르고 스크런치 드라이 기법으로 풍성한 볼륨을 만들고 털어 주면서 자연스러운 컬의 움직임을 연출합니다.

Woman Long Hair Style Design

L-2021-225-1

L-2021-225-2

L-2021-225-3

Face Type			
계란형	긴계란형	둥근형	역삼각형
육각형	삼각형	네모난형	직사각형

Hair Cut Method–
Technology Manual 166 Page 참고

이마에서 높은 볼륨을 만들어서 S라인으로 흘러내리는 흐름이 지적이고 품격 있는 롱 헤어스타일!

- 웨이브가 거의 풀린 듯 루스한 흐름이 자연스럽게 율동하는 롱 헤어스타일은 격조와 품격이 더해지는 트래디셔널 감성의 헤어스타일입니다.
- 언더에서 둥근 라인의 하이 그러데이션 커트를 시작하여 톱 쪽으로 레이어드를 넣어서 부드럽고 가벼운 층을 만들고 모발 길이 중간, 끝부분 틴닝 커트를 하여 모발량을 조절하고 슬라이딩 커트로 끝부분이 가늘어지는 질감을 표현하여 자연스럽게 움직임을 연출합니다.
- 굵은 롯드로 2~3컬을 와인딩을 하여 느슨하면서 풀린 듯한 웨이브 파마를 합니다.
- 헤어 드라이기로 뿌리부터 말리면서 70%를 말린 후, 글로스 왁스를 고르게 바르고 스크런치 드라이 기법으로 풍성한 볼륨을 만들고 털어 주면서 자연스러운 컬의 움직임을 연출합니다.

Woman Long Hair Style Design

L-2021-226-1

L-2021-226-2

L-2021-226-3

Face Type			
계란형	긴계란형	동근형	역삼각형
육각형	삼각형	네모난형	직사각형

Hair Cut Method-
Technology Manual 166 Page 참고

어깨선에서 두둥실 통통 튀는 웨이브 컬의 흐름이 여성스럽고 사랑스러운 러블리 헤어스타일!

• 어깨선에서 보송보송 두둥실 움직이는 굵고 탄력 있는 웨이브 컬의 율동감은 섹시함과 큐트함을 주는 감미로운 아름다움을 주는 헤어스타일입니다.

• 롱 레이어 커트로 가볍게 층지게 커트하고 모발 길이 중간, 끝부분에서 틴닝 커트를 하여 가벼운 흐름을 연출하고 슬라이딩 커트로 끝부분이 가늘어지는 질감을 표현합니다.

• 굵은 롯드로 1.7~2컬의 웨이브 파마를 합니다.

• 헤어 드라이기로 뿌리부터 말리면서 70%를 말린 후, 글로스 왁스를 고르게 바르고 스크런치 드라이 기법으로 풍성한 볼륨을 만들고 털어 주면서 자연스러운 컬의 움직임을 연출합니다.

Woman Long Hair Style Design

L-2021-227-1   L-2021-227-2   L-2021-227-3

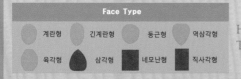

Face Type

| 계란형 | 긴계란형 | 둥근형 | 역삼각형 |
| 육각형 | 삼각형 | 네모난형 | 직사각형 |

Hair Cut Method-
Technology Manual 166 Page 참고

바람에 스쳐 자유롭게 움직이는 듯 뻗치고 안말음 되는 내추럴 롱 헤어스타일!

- 손질하지 않는 듯 빗질하지 않고 털어서 손질한 듯 자유롭게 움직이는 웨이브 컬의 흐름은 자연스럽고 고급스러우며 지성미를 느끼게 하는 아름다운 헤어스타일입니다.
- 롱 레이어드 커트로 가볍게 층지게 커트하고 모발 길이 중간, 끝부분에서 틴닝 커트를 하여 가벼운 흐름을 연출하고 슬라이딩 커트로 끝부분이 가늘어지는 질감을 표현합니다.
- 굵은 롯드로 1.5~1.7컬 웨이브 파마를 합니다.
- 헤어 드라이기로 뿌리부터 말리면서 70%를 말린 후, 글로스 왁스를 고르게 바르고 스크런치 드라이 기법으로 풍성한 볼륨을 만들고 털어 주면서 자연스러운 컬의 움직임을 연출합니다.

Woman Long Hair Style Design

L-2021-228-1

L-2021-228-2

L-2021-228-3

Face Type			
계란형	긴계란형	둥근형	역삼각형
육각형	삼각형	네모난형	직사각형

Hair Cut Method-
Technology Manual 166 Page 참고

손으로 올려 빗어 이마를 시원하게 드러내고 목선에서 자연스러운 안말음이 편안함을 주는 헤어스타일!

• 이마를 드러내어 깨끗하고 시원함을 주고 어깨선에서 자연스럽게 율동하는 안말음 흐름이 편안한 아름다움을 주는 롱 헤어스타일입니다.

• 롱 레이어 커트로 가볍게 층지게 커트를 하고 모발 길이 중간, 끝부분에서 틴닝 커트를 하여 가벼운 흐름을 연출하고 슬라이딩 커트로 끝부분이 가늘어지는 질감을 표현합니다.

• 굵은 롯드로 1.5~1.7컬 웨이브 파마를 합니다.

• 헤어 드라이기로 뿌리부터 말리면서 70%를 말린 후, 글로스 왁스를 고르게 바르고 스크런치 드라이 기법으로 풍성한 볼륨을 만들고 털어 주면서 자연스러운 컬의 움직임을 연출합니다.

Woman Long Hair Style Design

L-2021-229-1

L-2021-229-2

L-2021-229-3

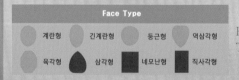

Face Type			
계란형	긴계란형	둥근형	역삼각형
육각형	삼각형	네모난형	직사각형

Hair Cut Method-
Technology Manual 166 Page 참고

얼굴을 포근하게 감싸는 듯 어깨선에서 두둥실 율동하는 웨이브 컬이 예쁜 러블리 헤어스타일!

• 언더에서 굵고 탄력 있는 웨이브 컬이 어깨선에 걸치듯 율동하는 롱 헤어스타일은 손질하기도 편하고 여성스럽고 매력적인 아름다움을 주는 헤어스타일입니다.

• 롱 레이어드 커트로 가볍게 층지게 커트하고 모발 길이 중간, 끝부분에서 틴닝 커트를 하여 가벼운 흐름을 연출하고 슬라이딩 커트로 끝부분이 가늘어지는 질감을 표현합니다.

• 굵은 롯드로 1.5~1.7컬 웨이브 파마를 합니다.

• 헤어 드라이기로 뿌리부터 말리면서 70%를 말린 후, 글로스 왁스를 고르게 바르고 스크런치 드라이 기법으로 풍성한 볼륨을 만들고 털어 주면서 자연스러운 컬의 움직임을 연출합니다.

Woman Long Hair Style Design

L-2021-230-1

L-2021-230-2

L-2021-230-3

Face Type			
계란형	긴계란형	둥근형	역삼각형
육각형	삼각형	네모난형	직사각형

Hair Cut Method-
Technology Manual 166 Page 참고

어깨선에서 율동하는 안말음 흐름이 아름다운 지성미를 느끼게 하는 롱 헤어스타일!

• 어깨선에서 뻗치지 않고 자연스럽게 안말음 되는 롱 헤어스타일은 턱선을 갸름하게 하고 품격 있게 차분한 인상을 주어 지성미를 느끼게 하는 아름다운 롱 헤어스타일입니다.

• 롱 레이어드 커트로 가볍게 층지게 커트하고 모발 길이 중간, 끝부분에서 틴닝 커트를 하여 가벼운 흐름을 연출하고 슬라이딩 커트로 끝부분이 가늘어지는 질감을 표현하고, 굵은 롯드로 1.5~1.7컬 웨이브 파마를 합니다.

• 헤어 드라이기로 뿌리부터 말리면서 70%를 말린 후, 글로스 왁스를 고르게 바르고 스크런치 드라이 기법으로 풍성한 볼륨을 만들고 털어 주면서 자연스러운 컬의 움직임을 연출합니다.

Woman Long Hair Style Design

L-2021-231-1

L-2021-231-2

L-2021-231-3

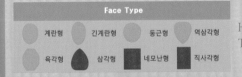

Face Type

계란형	긴계란형	둥근형	역삼각형
육각형	삼각형	네모난형	직사각형

Hair Cut Method-
Technology Manual 211 Page 참고

자연스럽게 흐르는 생머리의 흐름이 언더에서 율동하는 웨이브 컬이 예쁜 내추럴 헤어스타일!

- 윤기를 머금은 듯 반짝이는 생머리 흐름이 언더에서 살짝 안말음 되는 흐름으로 안정감을 주고 지적이고 품격 있는 이미지를 주는 헤어스타일입니다.
- 롱 레이어드 커트로 가볍게 층지는 커트하고 모발 길이 중간, 끝부분에서 틴닝 커트를 하여 가벼운 흐름을 연출하고 슬라이딩 커트로 끝부분이 가늘어지는 질감을 표현합니다.
- 굵은 롯드로 1.5~1.7컬 웨이브 파마를 합니다.
- 헤어 드라이기로 뿌리부터 말리면서 70%를 말린 후, 글로스 왁스를 고르게 바르고 스크런치 드라이 기법으로 풍성한 볼륨을 만들고 털어 주면서 자연스러운 컬의 움직임을 연출합니다.

Woman Long Hair Style Design

L-2021-232-1

L-2021-232-2

L-2021-232-3

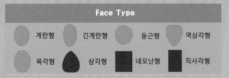

Face Type			
계란형	긴계란형	둥근형	역삼각형
육각형	삼각형	네모난형	직사각형

Hair Cut,Permament Wave Method-
Technology Manual 211 Page 참고

품격 있고 차분한 지성미를 주는 우아하고 깊이 있는 아름다움을 선사하는 내추럴 헤어스타일!

- 이마를 시원하게 드러내고 풀린 듯 느슨한 웨이브 컬이 품격 있는 차분한 인상을 주어 사무실에서 모임에서 고급스럽고 품격 있는 아름다움이 은은히 느껴지는 롱 헤어스타일입니다.
- 롱 레이어드 커트로 가볍게 층지게 커트하고 모발 길이 중간, 끝부분에서 틴닝 커트를 하여 가벼운 흐름을 연출하고 슬라이딩 커트로 끝부분이 가늘어지는 질감을 표현하고, 굵은 롯드로 1.5~1.7컬 웨이브 파마를 합니다.
- 헤어 드라이기로 뿌리부터 말리면서 70%를 말린 후, 글로스 왁스를 고르게 바르고 스크런치 드라이 기법으로 풍성한 볼륨을 만들고 털어 주면서 자연스러운 컬의 움직임을 연출합니다.

Woman Long Hair Style Design

L-2021-233-1

L-2021-233-2

L-2021-233-3

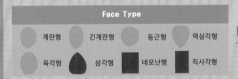

Face Type			
계란형	긴계란형	둥근형	역삼각형
육각형	삼각형	네모난형	직사각형

Hair Cut Method-
Technology Manual 211 Page 참고

품격 있는 차분한 인상을 주며 고급스러운 아름다움을 즐길 수 있는 내추럴 헤어스타일링!

- 언더에서 뻗치지 않고 살짝살짝 안말음 되는 롱 헤어스타일은 지적이고 차분한 인상을 주어 품격과 고급스러운 이미지를 주는 헤어스타일입니다.
- 롱 레이어드 커트로 가볍게 층지게 커트하고 모발 길이 중간, 끝부분에서 틴닝 커트를 하여 가벼운 흐름을 연출하고 슬라이딩 커트로 끝부분이 가늘어지는 질감을 표현합니다.
- 굵은 롯드로 1.2~1.5컬 웨이브 파마를 합니다.
- 헤어 드라이기로 뿌리부터 말리면서 70%를 말린 후, 글로스 왁스를 고르게 바르고 스크런치 드라이 기법으로 풍성한 볼륨을 만들고 털어 주면서 자연스러운 컬의 움직임을 연출합니다.

Lim Kyung Keun

Creative Hair Style Design 4

Woman Long Hair Style Design

초판 1쇄 발행	2022년 10월 1일		
초판 1쇄 발행	2022년 10월 10일		

지 은 이	임경근		
펴 낸 이	박정태		
편 집 이 사	이명수	감수교정	정하경
편 집 부	김동서, 전상은, 김지희		
마 케 팅	박명준, 박두리	온라인마케팅	박용대
경 영 지 원	최윤숙		

펴낸곳	주식회사 광문각출판미디어
출판등록	2022. 9. 2 제2022-000102호
주소	파주시 파주출판문화도시 광인사길 161 광문각 B/D 3F
전화	031)955-8787
팩스	031)955-3730
E-mail	kwangmk7@hanmail.net
홈페이지	www.kwangmoonkag.co.kr

ISBN	979-11-980059-4-6 14590
	979-11-980059-0-8 (세트)
가격	36,000원(제4권)
	200,000원(전6권 세트)